纺织服装高等教育"十三五"部委级规划教材

苏州大学"211工程"建设经费资助出版

服装画表现技法

李　正　李细珍　刘文涓　周玲玉　李东醒

编　著

U0377605

东华大学出版社·上海

内容提要

本书以服装企业的实际需求为导向，以实用性服装画的严谨和规范性为要求，是一本教授服装画表现技法的实用教程。全书内容分为服装画概述，服装画局部的绘制与表现，服装画人体的绘制与表现，服装材料质感的表现，服装画技法解析，电脑服装画绘制技巧，灵感与服装画创作，服装效果图作品展示8大部分。本书由浅及深，从局部到整体，图文并茂，步骤翔实，易学易董，操作性强，突出了服装画技法的系统性和专业性，有助于读者循序渐进地学习。

本书适合作为高等院校服装设计专业的教材，也可以作为成人教育服装专业的教材或教学参考用书，同时也是一本服装爱好者的自学用书。

图书在版编目（CIP）数据

服装画表现技法 / 李正等编著. —上海：东华大学出版社，2018.1

ISBN 978-7-5669-1297-8

Ⅰ.① 服 … Ⅱ.① 李 … Ⅲ.① 服 装-绘 画 技 法 Ⅳ.① TS941.28

中国版本图书馆CIP数据核字（2017）第263157号

服装画表现技法

FUZHUANGHUA BIAOXIAN JIFA

编　　著：李　正　李细珍　刘文涓　周玲玉　李东醒
出　　版：东华大学出版社（上海市延安西路1882号，200051）
网　　址：http://www.dhupress.net
天猫旗舰店：http://dhdx.tmall.com
营销中心：021-62193056　62373056　62379558
印　　刷：上海雅昌艺术印刷有限公司
开　　本：889 mm×1194 mm　1/16　印张：11
字　　数：388千字
版　　次：2018年1月第1版
印　　次：2018年1月第1次印刷
书　　号：ISBN 978-7-5669-1297-8
定　　价：55.00元

前　言

　　服装画的表现技能是服装设计师必须掌握的专业本领。绘制服装画是设计服装的一个重要环节，也是表达服装设计师意图的最佳形式。服装画有着独特的个性与特点，它具有服装设计表达语言与绘画艺术性表达的双重属性。作为服装设计的表达形式，其属于设计艺术的范畴；而作为服装艺术绘画来认定，其又属于纯艺术审美的范畴，并且会特别强调艺术美感的属性。

　　学好服装画必须要掌握人体结构基本知识。对人体结构与外形的了解是画好服装画的第一步，特别是人体的动态造型美感，设计师要有超常人的艺术感受。要善于学习人体动态变化的规律，勤奋的练好人体速写。我们一直强调服装专业的学生要多上"人体写生课"，并且要求老师要培养学生对人体美有专业的认识。服装设计师平时多练习画人物速写很重要，其有利于服装设计效果图的表达。许多服装画就是一种速写的表达形式，特别是服装设计构思草图形式更是速写形式的延续。所以，要想娴熟地画好服装画，就要勤奋地练好人物动态速写。

　　关于服装画写实或夸张的表现手法因人而异，可以根据自己的造型习惯来进行设计，只要能很好地表达出设计师的意图就是好的作品。很多设计师、时装画家为了表达人体的美感，或者为了夸张服装的特点与风格，他们在服装画中有意地夸张了人体的比例，夸张了服装的造型，也夸张了人物动态等，这些都是服装画中常见的一种艺术形式。特别是夸张人体的颈部、腿部的长度更是服装画中的一种常规表达形式。

　　本书出版的主要目的在于：用我们对服装画的理解和认知，来与国内服装高等院校的专业教师、服装专业的研究生以及广大的本科学生来共同探讨与研究服装画。

社会上广大服装设计爱好者能够拥有本书，并且认真研读肯定会大有收获的。

参加本书编写工作的主要有：李正、李细珍、刘文涓、周玲玉、李东醒。另外部分参与了本书编写工作的还有徐冉、王巧、李婧、李梦圆、唐甜甜、余亚军、丁弘婷等。她们都积极地为本书的编撰提供了大量的图片资料，同时也花费了大量的时间和精力。在撰写过程中还得到了苏州大学艺术学院服装设计系部分教师和研究生的支持，他们也不同程度地参与了本书的编撰工作，在此表示真挚的感谢。特别要说明的是，本书内大部分服装画是由编著们绘制的。

在编写本书的过程中，我们力求做到精益求精、由浅入深、从局部到整体、图文并茂、步骤翔实、易学易懂、重视操作性、突出服装画技法的系统性和专业性。本书编撰虽然历时三年，经过数次调整与修改，但书中难免还存在不足之处，望各位同行专家多提宝贵意见。

编著者

2017年9月于苏州大学艺术学院

目　录

第一章　服装画概述

罗丹说过："可以肯定，技法就是一种手段，但是轻视技法的艺术家是永远不会达到目的的"。学服装设计必学服装画，这也是不可逾越的内容，因为学习服装设计是一个系统而完整的学习过程。学习服装画是学习一种绘画技能，而掌握服装画技法是学习服装画的基本要求。在这里我们必须要懂得：学好服装画技法的目的就是要更好地用掌握的绘画技法，来充分表现出设计师的设计创意。

一、关于服装画

服装画的出现可以追溯到1770年的欧洲，那时的欧洲就有了在一些杂志上连续刊发时装插图的现象，这些时装插图就是最早的服装画。到了19世纪，欧洲工业革命的兴起使得各国经济飞速发展，同时也为服装生产提供了前所未有的制作新设备和丰富的服装材料，特别是缝纫机的发明与使用更是促进了服装业的繁荣。时装已经不再是少数达官贵人的专用品，逐步成为了大众的需求，这就为更多的人关注时装杂志提供了现实的可能，使服装画自然而然就被大众接纳与推崇了。

现在人们对服装画的理解已经不同于最初的含义了。今天绘制服装画的工具、材料、技法等都有了较大的变化，服装画已经不再仅仅是服装款式的说明图了。服装画不仅是工业用效果图，还是服饰风格展示图，更成为了一门单独的绘画艺术种类。服装画在经历了漫长岁月的发展后，它从最简单的一种表现形式逐步到丰富多彩的风格表现，都反映了不同时代的服装特性与服装画艺术的走向。

简单地来讲，服装画就是以表现服装为内容的一种绘画形式，包括服装插画、服装设计效果图、服装海报、服装宣传画、服装工业用效果图、纯服装艺术绘画等，这些都属于服装画的范畴。

（一）服装画的分类

现在的服装画有着多种不同的表现形式，不同的服装画画家，服装设计大师等都有着自己的个人绘画特色。在五花八门的服装画时代，我们可以将服装画大致归纳为4大类。

1. 服装设计草图

服装设计师在较短的时间内，按一定的具体要求来完成服装设计构想，并用绘画形式来表达比较清晰服装款式设计的初步方案，这些前期设计图稿就是服装设计草图，如图1-1所示。

服装设计是一项很要求时效性的工作，需要设计者在有限的时间内，迅速捕捉、记录设计构思而出成果。这种特殊要求使得这类服装画要具有一定的概括性、快速性。一般来说，在正式绘制服装设计效果图之前，设计师所勾画的所有设计构思图稿都属于服装设计草图。服装设计草图，可以在任何时间、任何地点、用必要的工具绘制。通常设计草图并不追求画面视觉的完整性，而是抓住服装的特征进行描绘。有时在简单勾勒之后，采用简洁的色彩粗略表现即可；有时采用单线勾勒并结合文字说明的方法来记录设计构思、表达灵感，其比较简便快捷。服装设计草图中的人物勾勒往往有所省略或相当简单，即在勾勒时侧重人物某种动态以表现出服装的款式效果。所以，省略人体的众多细节也是服装设计草图的常态。

■ 图1-1　服装设计草图

2. 服装设计效果图

　　服装设计效果图一般包括两类：一类是直观服装设计效果图。这类服装效果图注重服装表现效果，强调服装风格，相对弱化结构与工艺的交代。设计师将所构思的服装产品全貌，按照自己的设计构想，形象生动地绘制出的设计作品就是直观服装设计效果图。直观服装设计效果图也是服装画的一种，我们通常口头表述的服装画也包括这类服装设计效果图。例如，为了让人们、或被设计者能清晰地看到成品着装后的效果而绘制的人体着装表现图就是服装设计效果图。警察服装设计、法官服装设计、戏剧专用服装设计、学生装设计等都是需要直观服装设计效果图先行来表现的（图1-2）。

　　第二类是工业用服装设计效果图。这类服装设计效果图注重服装结构与工艺的表达与交代，强调工厂生产工艺的指导性。例如，服装厂的新品开发设计效果图等。工业用服装设计效果图就是在服装工业生产过程中作为产品生产必须的一个环节说明图，是用来满足工业生产需求的服装画。它具有工整、易读、结构表现清楚、易于加工生产等特点。通常采用以线为主的表现形式，或者采用以线加面、淡彩绘制等方法描绘而成。必要时还必须对服装的特征部位、背部、面辅料、结构部位、制作要求等用图示或文字特别说明。这种设计图极为重视服装的结构，需要将服装的省缝、结构缝、明线、面料、辅料等交代清楚，仔细描绘。对于人物的描绘有时也可以全部省略，只留下重点表现的服装突出部分即可（图1-3）。

■ 图1-2　直观服装设计效果图（董桂芳绘）

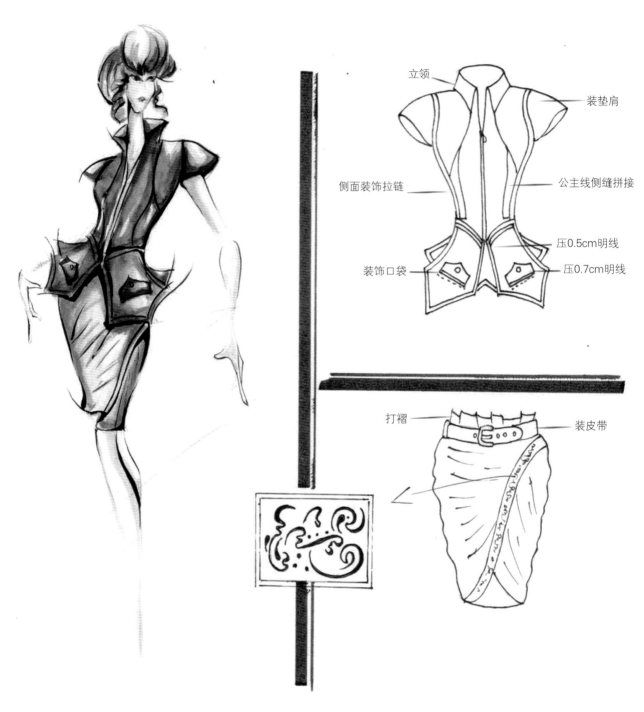

立领
装垫肩
侧面装饰拉链
公主线侧缝拼接
压0.5cm明线
装饰口袋
压0.7cm明线

打褶
装皮带

■ 图1-3 工业用服装效果图

3. 服装线描勾勒图

服装线描勾勒图就是无需添加色彩，而只用单笔绘制服装款式、服装画的一种服装白描图。一般是在绘制直观服装设计效果图时，为了交代服装款式的背面造型与结构、侧面造型与结构、局部造型与结构而添加的画面，也包括单线勾画的时装画（图1–4）。

■ 图1-4　服装线描勾勒图

4. 服装艺术画

服装艺术画主要包括服装广告画、服装插画、服装装饰画。

服装广告艺术画与插图是指那些在报刊、杂志、橱窗、看板、招贴等处，为某服装品牌、设计师、服装产品、流行预测或服装活动而专门绘制的服装画。与工业用服装设计效果图不同，服装广告画与插图并不注重服装的细节，而是注重其艺术性，强调艺术形式对主题的渲染作用，依靠服装艺术的感染力去征服观者。

服装广告画及插图的艺术风格多种多样，有的服装插画画家笔下的服装画，实质上也就是一张纯粹的绘画艺术作品，是绘画艺术与服装艺术的高度统一；有的服装广告画与插图则相当精炼、简洁；还有的服装广告画或服装插图看上去就如同一幅完美的艺术摄影照片（图1–5）。

■ 图1-5　服装艺术广告画

服装画还包括某种专门以服装为主题的装饰绘画，它不以某种商业（如广告、设计等）价值来衡量，而是以一种装饰性的服装画形式出现，具有较高的艺术欣赏性。例如，法国插画家格奴的服装画就属这一类。

（二）服装画的风格

服装画广泛运用于服装设计中，它充满了时代特征。服装画能反映出服装的风格、魅力与特征，比服装本身和着装模特更具艺术的夸张性。作为一名合格的服装设计师，就要学会灵活、娴熟地运用各种绘画工具来创作出具有专业水准的服装画。

服装画中风格的强调，需要设计师准确的把握人体特征与服装特征，而后才能在抓住重点的基础上表现出来。服装画的风格可以多种多样，不同的服装材料、图案及颜色等可以用不同的风格加以表现。尽管服装画的风格千变万化，各有其特点，但可以从专业的角度来概括的总结出它的分类，具体如下所述。

1. 装饰风格

装饰风格的服装画就是带有装饰美术效果元素的一类服装画。装饰风格的服装画一般比较多见的是将设计图按一定的美感形式进行适当地变形、夸张艺术处理，设计作品最后都带有装饰绘画的形式，这类服装画一般称之为带有装饰风格的服装画。装饰风格的服装画不仅可以对时装的主题进行强调、渲染，还能将设计作品进行必要的美化。变形夸张的形式、风格、手法是多样的，设计者往往在设计服装作品时，对所设计作品的特点进行重点强调，可采用多种手段。通常，设计师所表现的服装效果图，多少带有一定的装饰性（图1-6）。

2. 写实风格

写实风格的服装画就是表现接近现实客观的人与衣的造型的带有展示客观要素的一类服装画。

■ 图1-6　装饰风格服装画（余亚军绘）

写实风格的服装画一般是美术功底较好的设计师才能画得比较优美。这类画需要设计师较客观、正确的表现人体结构，人物动态，它对于造型能力有着很高的要求。它的特点是直观、真实、确定。当设计师表现写实风格的设计图时，往往能对面料、款式、搭配等了如指掌，对画面的布局也十分清晰。另外也有设计师按照服装设计完成后的真实效果进行描绘所绘制的效果，它具有一种照片式的写实风格。由于这种风格的写实性较强，绘制就需要花费比较长的时间，而设计师们的工作往往是紧张、忙碌的，所以，多数设计师平时并不十分愿意采用这种方法来绘制服装画。当偶尔要表现这种风格的设计图时，则会结合一些特殊的服装画技法，以便节省时间。如采用照片剪辑、电脑设计、复印剪贴等，这些都是较为方便、快捷，且能达到良好效果的捷径（图1-7）。

3. 夸张风格

夸张风格的服装画就是设计师抓住设计的主题或某些内容要素的主要特征，而后进行特别的艺术夸张和较过度的强调。比如画面中某局部的特别放大或缩小，为了画面的需要进行的元素增加或删减，为了视觉的冲击力而强调的部位变形等艺术夸张处理。服装画的夸张风格可以从颜色、人体造型、服装造型等多方面来进行表现（图1-8）。

4. 简约风格

简约风格的服装画就是将设计的元素、色彩、图案等简化到最少的程度。简约风格的服装画通常非常含蓄，服装款式的造型简单，讲究色调对比，要求线条干净利落。它是以简洁的表现形式来营造作者理性的表达需求。这种形式的服装画常常运用于企业中的款式图表达或者表现设计师初步的设计构思（图1-9）。

■ 图1-7　写实风格服装画

■ 图1-8 夸张风格服装画（余亚军绘）

■ 图1-9 简约风格服装画（余亚军绘）

5. 速写风格

速写风格的服装画是指在熟练掌握人体结构和服装结构的基础上，用简练的线条在短时间内将人物着装效果以速写的形式表现出来。对服装设计师来说，速写风格服装画是感受生活、记录灵感的一种方式，它能快速地记录或勾勒出设计师的创作构思，它通常要求设计师有敏锐的观察力和迅速、准确的表现力（图1-10）。

■ 图1-11　卡通风格服装画（余亚军绘）

■ 图1-10　速写风格服装画（余亚军绘）

6. 卡通风格

卡通风格的服装画就是运用平涂、勾线等表现手法，对服装的造型用卡通风格进行简单地概括。卡通风格的服装画通常也会对人体进行适当的夸张与变形，应使整体画面生动活泼，颜色鲜艳、饱和，极富戏剧化。这种风格对于初学者来说比较容易掌握（图1-11）。

9

二、画服装画的材料与工具

在绘制服装画之前，需要预先准备好绘制服装画的工具。进行服装画绘制时可以使用的工具较多，一般来说，选用常规绘画工具中的部分工具就可以满足基本的绘制要求了。

手绘服装画的常用工具主要包括纸、笔、颜料和辅助工具4大类。对于特殊技法制作的服装画，可以运用一些特殊的工具，如电脑，喷笔、宣纸、牙刷、棉布、油纸等。使用不同的工具可以绘制出各种奇异的画面效果，我们可以在实践中逐步掌握各种工具的使用方法，并且熟悉各种颜料的性能特点。

（一）笔的分类

笔是用来展示设计构思最重要的表现工具之一。在进行服装画绘制时，选择你所熟悉并能较好地掌握其特点的画笔能提升服装画的品质。

1. 钢笔

钢笔是极为常用的绘制工具之一，可以选用弯头钢笔或多种型号的宽头钢笔。但要注意，使用宽头钢笔画出的线迹较宽，当表现连续、均匀、弯曲的线时，宽头钢笔便不能胜任。钢笔的墨水可选用较好质量的黑色绘图墨水，并经常保持钢笔的清洁，以保证墨水流畅（图1-12）。

图1-12　钢笔

2. 铅笔

铅笔的种类较多，可选用B型的黑色绘图铅笔和水性彩色铅笔。水性彩色铅笔可以在绘制后利用清水渲染而达到水彩的表现效果（图1-13）。

3. 碳笔

运用铅笔勾勒时，常会感到颜色深度不够，特别是勾勒有深色的外形轮廓时愈显如此，若采用绘图碳笔、钢笔或马克笔等，便可解决这个问题。由于碳笔的黏附力不强，在绘制后，可配合使用绘画用定型液，以解决碳笔绘画时黏附力弱的问题（图1-14）。

4. 马克笔

用马克笔作画是服装画的绘制中较为快捷的一个方法。因为马克笔既可以表现线和面，又不需要调制颜色，且颜色易干。而且各种不同质地的纸吸收马克笔颜色的速度各异，产生的效果也就各不相同。吸收速度快的纸张，绘出的色块易带有条纹状，反之则相反。用沾上香蕉水的棉球或布可以除去油性马克笔色彩，或淡化色彩，利用这一特性可以绘制出推晕的色彩效果。利用硫酸纸的透明性质，可以绘制出同一色彩的深浅层次和色与色的重叠效果（图1-15）。

5. 针管笔

针管笔是绘制效果图的基本工具之一，能绘制出均匀一致的线条。采用针管笔绘制的黑白线条易表达出不同的情感感受，如粗线的刚毅，细线的软弱，密集线条的厚重，稀疏线条的涣散无律，规整线条的有序整齐，自由线条的奔放热情。即使绘制的线条形态相同，线条方向、长短疏密及位置和间隔的变化中也隐含着情感的内涵（图1-16）。

6. 喷笔工具

喷笔工具包括喷笔与气泵两部分。气泵以保证产生足够的压力，喷笔可以调节所喷出颜色面

■ 图1-13　铅笔

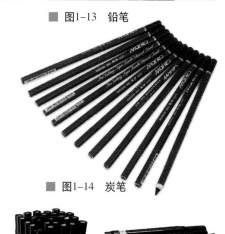
■ 图1-14　炭笔

■ 图1-15　马克笔

■ 图1-16　针管笔

积的大小，以形成线迹或面。用专用遮蔽物或纸张等遮挡，可喷出挺括的轮廓。水粉颜料、水彩颜料都可作为喷笔工具的颜料使用，但需要加入适量的水，但不宜过多或过少，以喷出均匀的色彩，且个稀薄为宜（图1-17）。

■ 图1-17 喷笔

（二）纸的分类

纸作为平面图形的载体，在服饰设计表现中极其重要。如果你仅习惯于使用铅画纸、水彩纸或水粉纸等白底色的常用画纸来画服装画，这还是有些局限的。我们可以尝试在不同质感、不同色彩的纸面上来表现设计想法，启发设计灵感。

1. 铅画纸

铅画纸也称素描纸。一般多是用铅笔画素描用的纸，其纸质耐磨且表面粗糙，适合表现铅笔画的质感和层次。好的素描纸一般是用棉或亚麻纤维制成的手工画纸，不加漂白粉，所以纸张不是那种惨白色，且不易变黄（图1-18）。

■ 图1-18 铅画纸

2. 水彩纸

水彩纸就是一种专门用来画水彩的纸，它的吸水性比一般纸高，克数较大，纸面的纤维也较强壮，不易因重复涂抹而破裂、起毛球。水彩纸有多种，依纤维来分的话，水彩纸有棉质和麻质两种。麻质的水彩纸往往是精密水彩插画的用纸。如果要表达淋漓流动的主题，要用到水彩技法中的重叠法时，一般会选用棉质纸，因为棉质纸吸水快，干得也快，唯一缺点是时间久了会褪色（图1-19）。

■ 图1-19 水彩纸

3. 水粉纸

水粉纸是一种专门用来画水粉画的纸，这种纸张能吸水，且比较厚。水粉纸的表面有圆点形的坑点，圆点凹下去的一面是正面。水粉画在湿的时候，它颜色的饱和度和油画一样很高，而干后，由于粉的作用其颜色会失去光泽，饱和度大幅度降低（图1-20）。

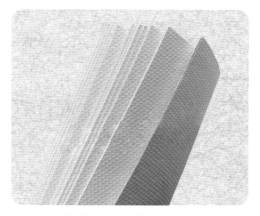

■ 图1-20 水粉纸

4. 色卡纸

色卡纸是一种厚度定量在250 ～ 400g/m² 之间的纸制品。它纸质细腻，坚挺厚实，耐折度好，表面平整光滑，拉力好，耐破度高。色卡纸除了白色外，还可通过对浆料进行染色染出各种颜色（图1-21）。

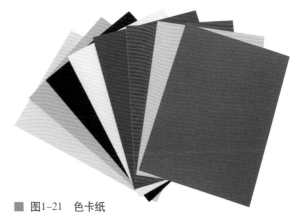

■ 图1-21 色卡纸

5. 牛皮纸

牛皮纸比较坚韧耐水。它采用竹浆和木浆精心加工而成，又有单面光、双面光和带条纹的区别。其主要特点是：强度好、光滑度高、纸张均匀、纵横向拉力强、表面平整、木浆和竹浆含量高，但其上色性能不是特别好（图1-22）。

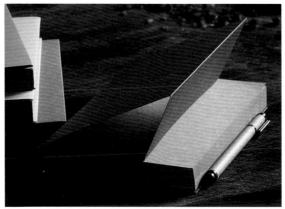

■ 图1-22 牛皮纸

6. 硫酸纸

硫酸纸又称制版硫酸转印纸。它主要用在印刷制版业，具有纸质纯净、强度高、透明度好、不变形、耐晒、耐高温、抗老化等特点，它在绘画中广泛适用于手工描绘。在绘制服装画时，我们也可以使用硫酸纸绘画，这样可以不留下铅笔稿的印记，从而使得我们的画稿表现的更加出色（图1-23）。

■ 图1-23 硫酸纸

7. 宣纸

宣纸是中国传统的古典书画用纸，具有韧而能润、光而不滑、洁白稠密、纹理纯净、搓折无损、润墨性强等特点，并且有独特的渗透性、润滑性。用它写字则骨神兼备，作画则神采飞扬，成为最能体现中国艺术风格的书画纸，而且耐老化、不变色、少虫蛀、寿命长（图1-24）。

（三）颜料的分类

除了使用多种管内注有水性或者油性颜料的笔以外，一般情况下能用于服装画的颜料包括水彩颜料、水粉颜料、各种彩笔蜡笔、丙烯颜料、中国画颜料等。常用的服装画颜料主要包括以下几种：

■ 图1-24 宣纸

1. 水粉颜料

水粉颜料广泛地应用在服装画的创作中。它具有一定的覆盖能力,色彩纯度较高,色彩效果浑厚、柔润、鲜明、艳丽。水粉画的缺点是缺少光泽,画面不易衔接,较难表现微妙的色彩变化,掌握不好容易产生脏、灰、暗的感觉。所以,绘画时要根据这些特点,扬长避短,以求在写生和创作中充分表现对象(图1-25)。

2. 水彩颜料

水彩颜料色粒很细,与水溶解可显示其晶莹透明的特点。水彩颜料不像油画和水粉颜料,其颜色覆盖能力较差。水彩颜料透明,以薄涂保持其透明性,画面会给人一种清澈透明的感受,通常用水调和,发挥水分的作用,使画面效果灵活自然、滋润流畅、淋漓痛快、韵味十足(图1-26)。

3. 丙烯颜料

丙烯颜料是用一种化学合成胶乳剂与颜色微粒混合而成的新型绘画颜料。特点是可用水稀释,利于清洗,上色后很容易干。并且颜色饱满、浓重、鲜润,无论怎样调和都不会有"脏""灰"的感觉。用丙烯颜料绘制过后的图纸永远不会有吸油发污的现象,所以作品的持久性较长。可用于墙画的绘制,以及其他的装饰绘画(图1-27)。

■ 图1-25 水粉颜料

■ 图1-26 水彩颜料

■ 图1-27 丙烯颜料

4. 墨汁

墨汁给人的印象比较单一，但却是古代书写中必不可缺的用品。借助于这种独创的材料，中国书画奇幻美妙的艺术意境才能得以实现。墨汁具有很好的延展性，在中国画中通常和宣纸搭配使用。作为一种传统的绘画材料，墨汁在服装画的绘制中却使用的较少（图1-28）。

（四）制图软件的分类

服装效果图不仅可以通过各种手绘材料进行绘制表现，在科技发达的今天，电脑软件也成为了绘制服装效果图的必备表现工具，下面让我们来了解一下常用的制图软件。

1. Adobe Photoshop

Adobe Photoshop，简称"PS"，是由Adobe Systems开发和发行的图像处理软件。Photoshop主要处理以像素所构成的数字图像，可以有效地进行图片编辑工作。Photoshop有很多功能，在图像、图形、文字、视频、出版等各方面都有涉及（图1-29）。

■ 图1-28　墨汁

■ 图1-29　Adobe Photoshop软件界面

15

Adobe Photoshop主要是画服装效果图时，进行上颜色做效果用的。比如粗细线条的绘制，色调、阴影的处理等。Painter跟Photoshop的功能类似，只是画笔功能多一些，不过现在大部分人还是喜欢用Photoshop。一般在用这两个软件时都配合手绘板使用，使绘图更加方便快捷。

2. CorelDRAW

CorelDRAW是加拿大Corel公司的平面设计软件。该软件是矢量图形制作软件，这个图形工具给设计师提供了矢量动画、页面设计、网站制作、位图编辑和网页动画等多种功能。

该软件套装更为专业设计师及绘图爱好者提供简报、彩页、手册、产品包装、标识、网页制作等功能。该软件提供的智慧型绘图工具以及新的动态向导可以充分降低用户的操控难度，允许用户更加容易精确地创建物体的尺寸和位置，减少点击步骤，节省设计时间。在服装画制图的时候我们可以运用这个软件的灵活性来完成设计（图1-30）。

3. Adobe Illustrator

Adobe Illustrator是一种应用于出版、多媒体和在线图像的工业标准矢量插画软件。作为一款非常好的图片处理软件，Adobe Illustrator广泛应用于印刷出版、专业插画、多媒体图像处理和互联网页面的制作。并且绘制出的线条有较高的精确度，适合各种大小和各种复杂图案的绘制（图1-31）。

前面所提及的Photoshop是我们所熟知的绘制、处理位图图像的软件。其绘图习惯与现实生活中在纸上画画的感觉相似。所见即所得，画笔（笔刷）的种类繁多，并且还可以调整画笔的粗细形式，画出的每一笔就是一笔，这和我们在纸上画画非常相似，所以很容易掌握。尤其是拥有一块绘图板之后，就能更加方便快捷地表达绘制者想要的效果。

虽然Photoshop软件的功能非常强大，但其实我们更应该养成用矢量软件绘画的习惯。因为使用矢量软件绘图更有利于图形的导出，不会损失所绘图形的像素。在Adobe Illustrator画布中所有的线条和图形都可以看作成"面"，因为在Adobe Illustrator里即便是画的线条（斑点画笔工具）也可以转变成"面"，所以所有的形状全可以看成"面"。我们所要做的就是为这些"面"确定形状、填上颜色。这和我们在纸上绘画的习惯区别很大，初学者会觉得不容易转变观念，不好掌握。但是画得多了，就会觉得这是非常有创造性的工作。奇妙的"面"与"面"之间相互组合、相互叠加、相互渗透。我们为"面"填充渐变的颜色、为"面"羽化边缘、为"面"填充丰富的图案和肌理丰富的视觉效

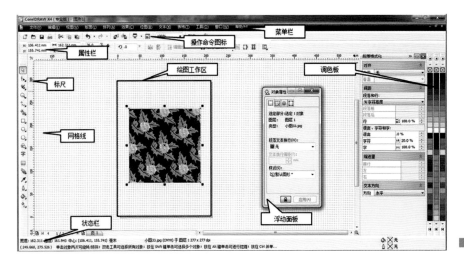

图1-30　CorelDRAW软件界面

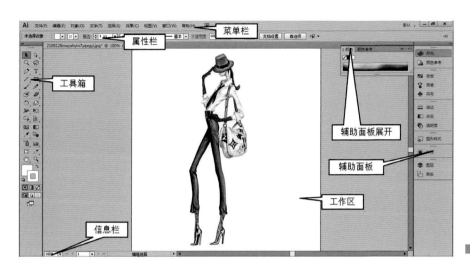

■ 图1-31 Adobe Illustrate 软件界面

果就是这样形成的。

　　Adobe Illustrator是Adobe公司的产品，所以Adobe Illustrator和Photoshop能够较好的兼容。同时Adobe Illustrator含有和Photoshop类似的滤镜，方便了我们创作各种效果。Adobe Illustrator的笔刷也相当丰富，各种艺术画笔能够模仿油彩、水彩、铅笔、钢笔等工具和材料的真实效果。Adobe Illustrator是矢量软件，图片几乎可以无限放大或缩小，便于出版和印刷，这样就不用担心画布不够大、像素不够高的问题了。

4. Corel Painter

　　Painter，意为"画家"，是由加拿大著名软件公司Corel开发，它是专门为渴望追求自由创意及需要数码工具来仿真传统绘画的数码艺术家、插画家及摄影师而开发的，是数码素描与绘画工具的终极选择，是一款极其优秀的仿自然绘画软件，拥有全面和逼真的仿自然画笔。其中的多种笔刷提供了重新定义样式、墨水流量、压感以及纸张的穿透能力。Painter将数字绘画提高到了一个新的高度。Painter中的滤镜主要针对纹理与光照，因它采用了一种天然媒体专利技术，有利于绘制和处理中国画，因而被国内的电脑美术者称为"梵高"。它可以使作品达到一种特殊的大写意，同时它能通过数码手段复制自然媒质效果，是同级产品中的佼佼者，获得业界的一致推崇（图1-32）。

■ 图1-32 Corel Painter 软件界面

5. 其它工具

作为一名服装设计师必须要有独到的创意，设计的表现手法多种多样，风格各异，材料的运用也是各种各样。上面讲的是一些常规服装画运用到的一些工具、材料以及软件，但其实服装画表现的手法不仅仅只限于用一些常规的笔和纸以及颜料的配合来绘制。比如说我们可以用拼贴的方法把一些不要的报纸、杂志、彩色纸等平面材料，以及夹子、绒线、花草等立体材料进行组合拼贴成服装效果图（图1-33）。

由此可见服装设计快速表现的工具和手法可以非常丰富。如果绘制者自己能够大胆尝试，因地制宜，无疑会给设计创作带来无限灵感。

■ 图1-33 其他工具

第二章　服装画局部的绘制与表现

在学习服装人体比例和动态表现之前，我们先来学习服装画人体头部、五官、躯干和配饰等局部的绘制。头部五官各部位细节的刻画不仅能表现人的外在特征，更能够体现服装画的风格特色。人体躯干是人体的主体部位，包括胸部、腰部、臀部等，在绘制服装效果图时需要三围的造型协调。夸张女性的臀部与男性的肩部，这是画服装画通常采用的惯例，所以我们一定要重视学习人体躯干部位的造型特点。服装配饰的绘制是服装画不可或缺的重要部分，画好服饰配件能够给服装画增添动感和优美感。服装画是一门实践性强的课程，学习者要重视多实践，多动笔练习，以在实践中逐步提高绘制服装画的技能。

一、头部及五官的绘制与表现

服装画是一种特殊的绘画，对于头部的表现有着特殊的要求。服装画主要是借助人体来表现服装的着装效果，所以，有时人体的某些部位可以忽略，包括人的头部。我们总是能看到一些大师的服装画非常优美，有个性，但是他们不去刻意描画人体的头部，甚至五官也全部省略不画，但这并不影响服装画的高水准。但是，很多的服装画还是需要艺术的处理好头部与五官的描绘的，包括概括的画五官，概括的画发型等，这都是服装画中的头部处理。特别是需要较写实的画头颈、五官、发型时，更需要

设计师的绘画功底与绘制技法的掌握，因而我们需要掌握画好这些部位的基本方法。

（一）头部各角度的绘制与表现

在学习头部绘制的过程中要掌握脸部的"三庭五眼"和透视的基本法则。三庭指脸的长度比例，把脸的长度分为三个等分，从前额发际线至眉骨，从眉骨至鼻底，从鼻底至下额，各占脸长的1/3。五眼即人体脸部正面观察时，脸的宽度为五只眼睛长度的总和。但在不同角度观察头部时，五官的位置及其透视关系都会发生变化。服装画中的头部角度一般可分为三种类型，即正面、侧面、3/4侧面。

1. 正面头部绘制（图2-1）

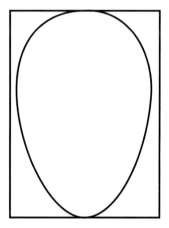

① 画一个形状近似于蛋形的头的轮廓，上面圆下面尖。

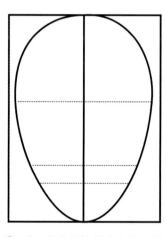

② 画一条头部的前中心线，找出发际线，用"三庭五眼"方法给眉毛、鼻子定位。

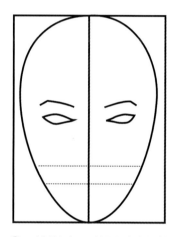

③ 画上眼睛，两只眼睛之间的距离等于一只眼睛的长度。

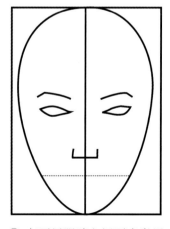

④ 在两只眼睛之间画出鼻梁，鼻子的宽度是鼻梁宽度的两倍。

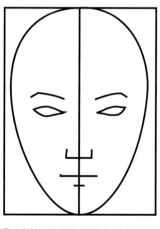

⑤ 嘴的唇裂线在鼻底线和下巴的1/3的位置，添加上嘴唇和下嘴唇。

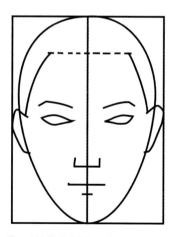

⑥ 耳朵的位置在眼角连线和鼻底线之间，在五官画好以后，再画脸上半部的前额。

■ 图2-1　正面头部绘制

2. 3/4侧面头部绘制（图2-2）

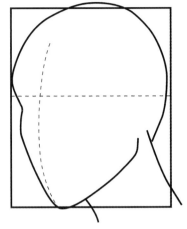 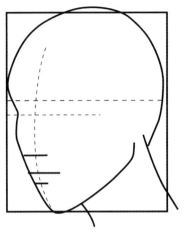 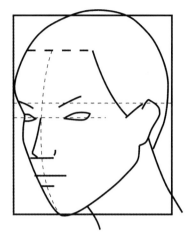

① 前中心线偏移，脸的1/4看不到。

② 找到脸的中心线和五官的倾斜程度，描绘出五官的位置。

③ 五官画好以后，在眼线和鼻底线之间画出纤细椭圆的耳朵，再画上前额。

■ **图2-2　3/4头部绘制**

3. 正侧面头部绘制（图2-3）

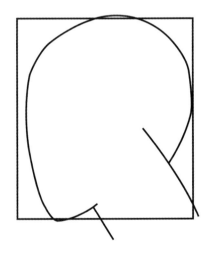 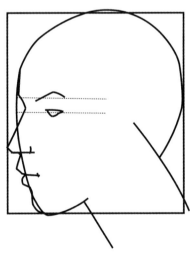 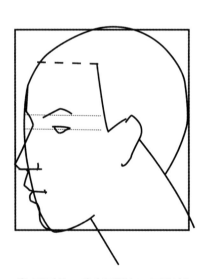

① 前中心线变成头部的边缘线，通过描画脸部的外轮廓确定前中心线。

② 描绘五官，利用脸的曲线帮助确定划分鼻子、嘴巴和下巴。

③ 画耳朵，确定后脑勺，画出前额的位置。

■ **图2-3　正侧面头部绘制**

（二）眼睛与眉毛的绘制与表现

眼睛由眼眶，眼睑和眼球三部分组成。眼睛被称为心灵的窗户，因此我们在画头部时，眼睛是五官中重点刻画的对象，刻画眼部时，要注意对上眼角、眼球及瞳仁的重点描绘。绘画时我们通常可以把眼睛画大点，这样会使脸部形象更加漂亮。

1. 正面的眼睛

正面的眼睛形状像个杏仁，可以从左右两侧适当调整眼角的形状，改变眼睛的前侧（内侧），后侧可以保持不变。这就可以使眼睛的形状发生微妙的变化，但不会发生实质上的变形。然后在边缘的位置画上眼角和泪腺，最后加上瞳孔和虹膜，眼睛就基本确定了（图2-4）。

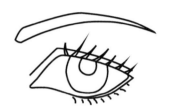

■ 图2-5　3/4侧眼睛

2. 3/4侧视眼睛

首先由于透视的原因此时眼睛的长度有所缩短，所以眼球和内眼角之间的空间要按比例缩短。画出眼睛的具体形状后，再加上瞳孔和虹膜（图2-5）。

3. 正侧面的眼睛

在正侧面这个角度眼睛只能看到一半，绘制时要注意眼睛在眼睑里面的位置（图2-6）。

■ 图2-6　正侧面眼睛

4. 眉毛的画法

女性的眉毛如柳叶一样细长而弯曲，不能画的太粗短，通常我们会把眉头画得粗一点，眉梢画的细一点，这样才能使女性的头部看起来更加妩媚动人。眉毛起笔位置一般在内眼角的上方，眉头方向朝上，眉梢方向朝下，形成自然的弯曲，再通过眉峰的位置和眉毛的长短浓淡来表达情绪（图2-7、图2-8）。

① 先画一条斜线为眉毛的正面。

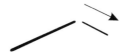
② 在眉峰处向下再画一条斜线为眉梢 。

③ 画出眉头到眉梢的粗细变化。

④ 左侧眉毛的画法和右侧相同。

■ 图2-7　眉毛画法

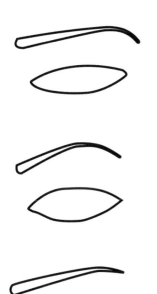

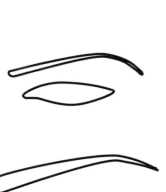

■ 图2-8　眉毛与眼睛的组合

（三）鼻子的绘制与表现

在刻画鼻子的时候要注意鼻子和脸部的比例关系，在服装画中鼻子一般不需要过多的刻画，只要简单勾勒出鼻梁和鼻底就可以了，重点是要把握好鼻子的大形和方向。

1. 正面鼻子

正面鼻子的变化较少，在刻画时只要简单的画出鼻孔的形状，然后画出鼻翼的弧线，最后画出两只眼睛之间的鼻梁即可（图2-9）。

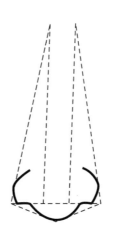

■ 图2-9　正面鼻子

2. 3/4侧面鼻子

注意鼻子的透视关系，侧过去的一侧鼻翼要小一些，画出鼻梁的外轮廓线（图2-10）。

3. 正侧面鼻子

正侧面的鼻子可以用三角形来概括，这个角度的鼻子正好处于脸部的外轮廓线上，只能看到一个孔（图2-11）。

（四）耳朵的绘制与表现

耳朵的位置在眉线和鼻底线之间，在服装画的绘制当中耳朵是经常被省略或简化的对象，耳朵的绘制重点在于把握耳朵的位置和外轮廓（图2-12）。

（五）嘴唇的绘制与表现

嘴唇是表达人的情感、凸显人的个性特征的重要部位。女性的嘴唇圆润、饱满，给人性感、生动的感觉，因此在绘制嘴唇时要注意运用的线条不要太直。

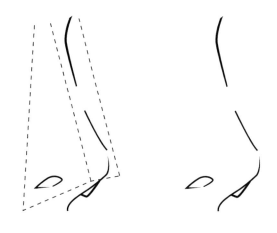

■ 图2-10　3/4侧面鼻子

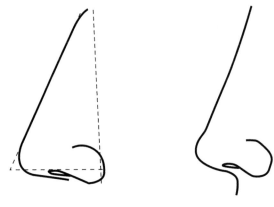

■ 图2-11　正侧面鼻子

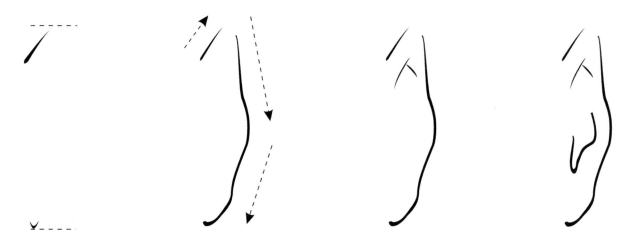

■ 图2-12　耳朵的表现

1. 正面的嘴

正面的嘴，上嘴唇比下嘴唇要厚和饱满，上下嘴唇的轮廓线成弯曲状（图2-13）。

2. 3/4侧的嘴

在绘制这个角度的嘴巴时要注意透视关系，一边嘴唇的轮廓线比另一边更靠近嘴的中心线（图2-14）。

3. 正侧的嘴

这个角度的嘴只能看到一半的嘴唇轮廓，上下嘴唇的厚度几乎一致，但是上嘴唇比下嘴唇要更加突出（图2-15）。

在服装画人体局部的绘制中，嘴算是比较好表现的部位了，不过如果要作为一个真正的器官来表现，嘴的透视并不容易掌握，所以建议学习者对嘴多进行临摹。图2-16是不同嘴型和不同透视方向的嘴唇的画法。

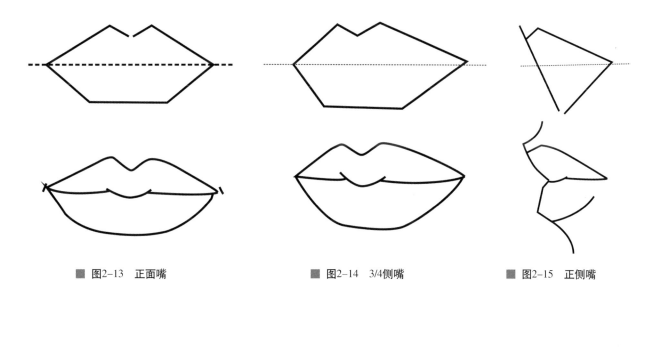

■ 图2-13　正面嘴　　　　　　　　　　■ 图2-14　3/4侧嘴　　　　　　　　　　■ 图2-15　正侧嘴

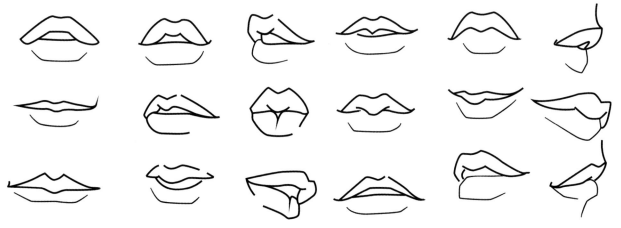

■ 图2-16　正、侧面嘴唇

（六）发型的绘制与表现

在日常生活中人们的发型多种多样，如直发、卷发、盘发等。其中头发的长度和样式是两个重要的因素。

1. 女性发型的表现

服装效果图中发型的表现不要太过于复杂，只要简练、概括的绘制出基本轮廓，然后画出头发的基本层次即可（图2-17、图2-18）。

■ 图2-17　女性发型

■ 图2-18　不同角度发型画法

2. 男性的头部和发型的表现

男性的头部和脸部较方，不像女性脸部那么柔和，所以在绘制男性头部时要注意夸张男性额头和下巴等部位，使脸部的轮廓感更明显。而且男性的眉毛较粗、较浓密，眼睛较小，鼻子较大，鼻孔较粗，嘴巴较大，耳朵较大、较宽，在绘制的时候要注意突出这些部位的特点（图2-19）。

■ 图2-19　不同角度男性头部和发型画法

3. 儿童头部和发型的表现

在服装画中儿童的头部比成人的头部要稍微圆润一些，通常脸宽比脸长稍微窄一些，前额比下巴宽一些，绘画时注意要突出儿童的活泼可爱与纯真自然的天性（图2-20）。

■ 图2-20　儿童头部和发型画法

二、四肢的绘制与表现

四肢是人体的重要组成部分，影响着人体动态的表现。夸张腿部长度的画法是服装画常见的表现技法之一。在服装画中对于腿部的造型画法一般比较灵活，其造型一般是根据人体的整个动态来设计的，必要时可以虚化。上肢的表现多为叉腰、手插兜等，这主要是根据服装表演的舞台造型而绘制的，这样比较容易表达服装的款式全貌。有时需要特别细化手部，这是要考验设计师的绘画功底的。手部比较难画，手部的造型变化多，结构组织复杂，需作为重点来学习。当然，在服装绘画中，我们主要还是要强调人体整体造型的优美感，而局部服从整体也是服装画应遵循的基本法则。

（一）手部的绘制与表现

手能赋予服装画人体动作和情绪的变化，手的位置和动态有无数种，在服装画中手的绘制有一定的难度，所以初学者要加强左右手的不同角度的练习。在绘制手部时，要注意手的长度约等于发际线到下巴的长度。手掌的长度和中指的长度几乎相同，手部的表情丰富，结构复杂，在绘制时应该把重点放在手的外形和整体姿态上，另外我们在描绘手部时也可以适当增加手指的长度，以表现女性手部的纤细柔美。

具体步骤：首先画一个矩形，把矩形分成两等分，上半部分的长度是手指长度，下半部分的长度为手掌的

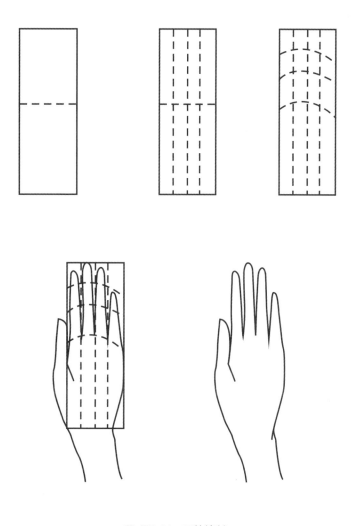

■ 图2-21 手的绘制

长度。然后把手掌的宽度分成四等分，把手指的长度分成三等分。首先画出中指，接着依次缩短的画出其它手指，最后画出大拇指的位置（图2-21）。

在绘制有动作的手的时候是有一定难度的，同样先把手分成上下两等分，在画手指的时候要学会"看三不看五"，就是在绘制手指的时候先把五个手指头概括成三部分来画，最后再把每个手指的具体形状绘制出来，绘制的时候要画得纤细、修长、优雅，但是不能过分强调（图2-22）。

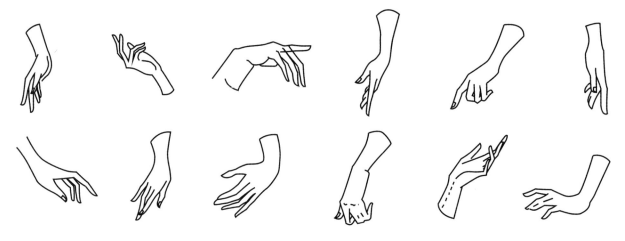

■ 图2-22 不同角度手的绘制

（二）手臂的绘制与表现

　　服装画中手臂的动态，可以用来辅助表现优雅的人体姿态。手臂包括上臂、小臂，在绘制的过程中一定要注意观察上臂和小臂的曲线变化，曲线部分代表的是肌肉，切忌不要画成直线。手臂的宽度从肩膀到肘关节逐渐变细，肘关节以下宽度又变粗，当到手腕时，就变得更加细了。另外当手臂弯曲时，上手臂的肌肉曲线会看起来更加明显，在绘制时要注意把握好内外侧的弧度（图2-23）。

　　在绘制手臂时，首先从肩部略下方开始画一条手臂的动态线，画到腰节线的位置为手肘的位置，然后继续从手肘的位置画到骨盆底端附近为手腕的位置，然后画出手掌，手掌长度大约至大腿中部。最后根据手臂的动态变化加上表现手臂肌肉的曲线即可（图2-24）。

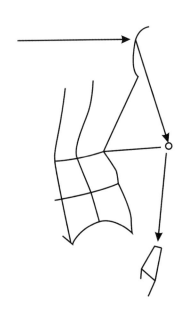
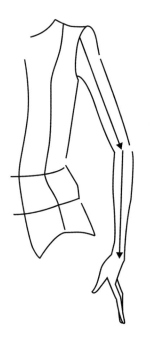
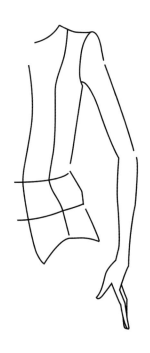

■ 图2-23 手臂的绘制

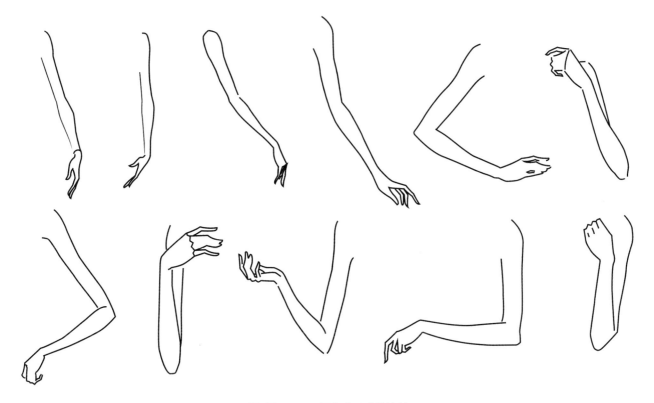

■ 图2-24　不同角度手臂的绘制

（三）脚的绘制与表现

1. 正面的脚

正面的脚为两个梯形的组合，脚趾的面积画得要比踝关节宽。但是穿上鞋后脚的形状会跟着鞋的变化而变化（图2-25）。

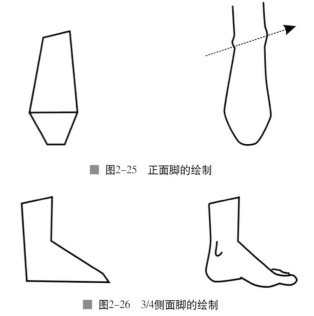

■ 图2-25　正面脚的绘制

2. 3/4侧面脚

3/4侧面脚的画法有一定难度，它是脚的正面图和侧面图的结合。脚后跟、脚踝骨和脚趾都要按透视法缩短（图2-26）。

■ 图2-26　3/4侧面脚的绘制

3. 侧面脚

侧面视图不论是平底鞋还是高跟鞋，画起来都会容易一些。中间的三角很重要，对任何款式的鞋子来说都一样，把三角放平或使其与水平地面形成一个角度，就可以创造出你想要鞋子的高度（图2-27、图2-28）。

■ 图2-27　侧面脚的绘制

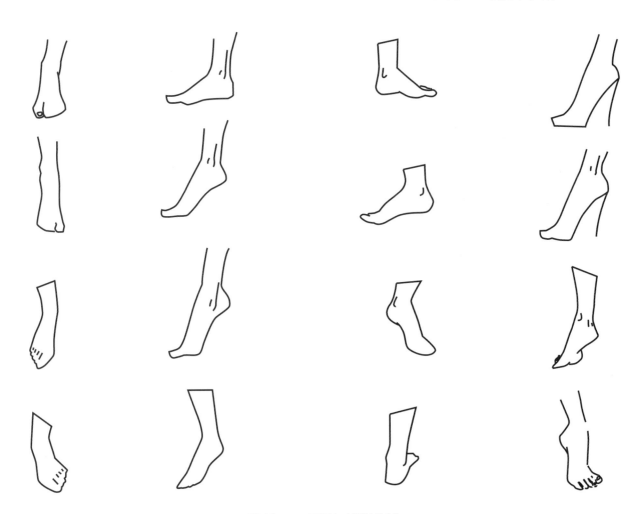

■ 图 2-28　不同角度脚的绘制

（四）腿的绘制与表现

腿部和手部一样可以用来辅助表现人体的姿态，腿部包括大腿和小腿。大腿和小腿的长度相等，在绘制的过程中也一定要注意观察大腿和小腿的曲线变化，曲线部分代表的是肌肉，不要画成直线。大腿根的宽度从大转子处为最宽，然后到膝关节部位逐渐变细，膝关节以下宽度又变粗，当快接近脚踝时为最细。在绘制时要注意把握好腿部内外侧的弧度（图2-29）。

腿部的画法跟手臂的画法一样，首先用线条简单的描绘出大致的动态线，在绘制腿部的时候需要注意的是，支撑重量的腿一般在臀围线高的那边。最后根据腿部的动态画出表现腿部肌肉的曲线即可（图2-30）。

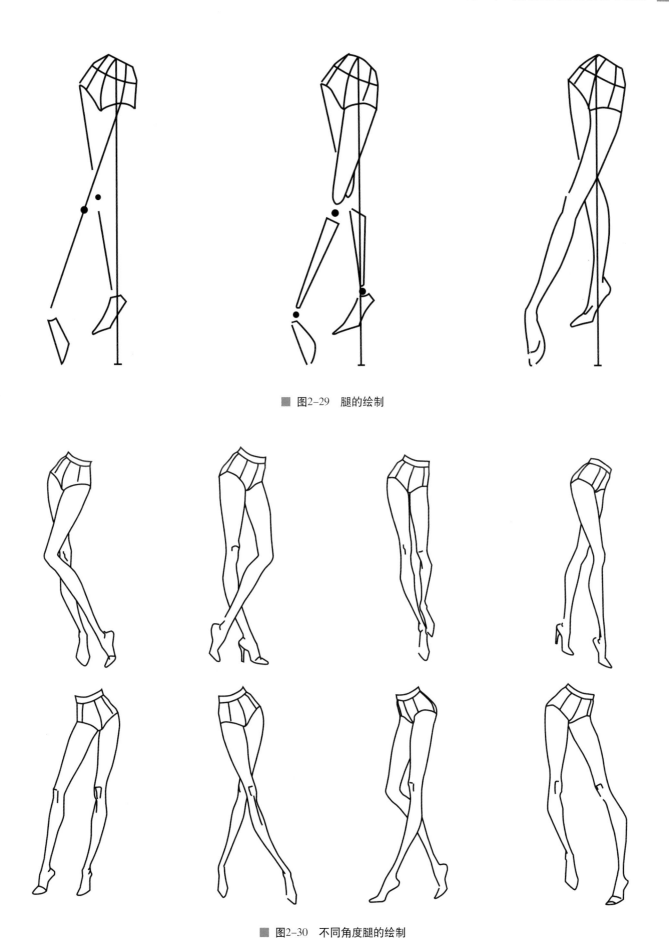

■ 图2-29 腿的绘制

■ 图2-30 不同角度腿的绘制

三、饰品的绘制与表现

饰品主要是指服饰配件（如鞋、包、首饰、围巾、胸针等）。在服装画中除了人体和衣服的表现外，服饰品的表现对服装画也起着重要的作用。饰品的恰当描绘可以增添画面的层次感，丰富画面的艺术性。饰品的绘制手法多种多样，这是由于饰品本身的材料属性决定的。比如钮扣、腰带、头饰、花标、图案等，都可以用各种绘制手法来表现。

（一）帽子的绘制与表现

帽子作为一种头饰除了对服装的造型起着很好的装饰作用之外，在夏天和冬天，帽子还起着遮阳和防寒保暖的作用。帽子的种类繁多，有渔夫帽、大沿帽、军帽、棒球帽、鸭舌帽、爵士帽等。帽子通常采用帆布、皮革、牛仔等作为表面材料。在绘制帽子的时候要特别注意帽子的透视关系，人体头部与帽子的关系，以及不同材料帽子的表现方式（图2-31）。

（二）首饰的绘制与表现

首饰是指佩戴在人身上的装饰品，现在泛指以贵重金属、宝石等加工而成的耳环、项链、戒指、手镯等。随着社会经济文化的发展，首饰的装饰性能越来越突出，与服装的联系也更加紧密。在服装画中首饰不仅可以塑造着装的整体风格，而且还可以在整体服装中起强调作用，为简单平凡的服装增添光彩。但首饰作为女性的必备物，在与服装搭配的过程中也应注意相互呼应、协调。在服装画中表现首饰时应该注意表现出首饰的透视关系，一定要恰当地表现出首饰的立体感（图2-32）。

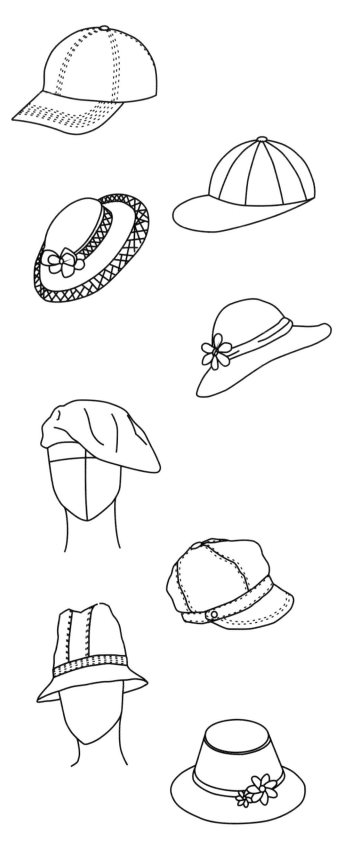

■ 图2-31 帽子的绘制

■ 图2-32　首饰的绘制

（三）包袋的绘制与表现

包袋是众多女性的必备之物，很多时候包袋和服装的搭配常常相得益彰。在绘制服装画时，要知道不同款式的包袋能够体现人的不同风格，也能体现一个人的身份、地位、经济状况等。一个经过精心选择的包袋通常与服饰搭配在一起具有画龙点睛的作用。在绘制和服装相匹配的包袋时，也应该注意包袋应随着季节的转换而变化，穿衣服要顺应天时，包袋作为画龙点睛的配饰也要顺应衣服，这样绘制出的服饰的整体效果才叫和谐完美。但在服装画中包袋的绘制通常不做重点绘制，能绘制出包袋的大致形状即可，细节通常不做重点描绘（图2-33）。

（四）鞋子的绘制与表现

鞋子的绘制在学习服装画的过程中是不可缺少的，因为在服装画的绘制中很少有光脚的，特殊情况除外。服装画中常绘制的鞋子有高跟鞋、运动鞋、凉鞋、皮鞋等。在绘制的过程中，不仅要适当的表现出鞋子的质感，更重要的是要表现出鞋子的款式和色彩。

在绘制鞋子时要从不同角度去练习，至少要掌握三个角度的鞋子的绘制，分别是正面、侧面、和3/4侧面的练习。最重要的角度是鞋子侧面，因为鞋子侧面后跟部分和鞋面鞋底的把握难度较大。绘制鞋子时应先观察鞋子的大致形状，绘制好大致形状后再深入细节绘制。例如高跟鞋的侧面图接近三角形，绘制的时候就可先绘制出基本的三角形，然后再深入绘制细节部分（图2-34）。

■ 图2-33 包袋的绘制

■ 图2-34 鞋子的绘制

第三章 服装画人体的绘制与表现

　　服装画人体的造型有着其独特的审美与比例要求，这是由服装画的功能与服装画的属性所决定的。为什么服装模特的身高比例一般要求高于常人呢？首先是因为服装是要展现美的，这就要求从意识上来完成对美的实现或接近；其次是因为舞台的空间需要，大小空间的对比会使人的视觉发生错觉，错将人的高度看低；第三是因为服装需要展示，高个子比较具有先天的优势。在实际的时装展示活动中，我们已经很习惯的将服装模特视为了一种高挑魅力的职业，这些都直接影响着我们对服装画的审美。在服装画中，一度流行身高为8至10个头长的时装画就很好地证明了这一点。

一、服装画人体简介

在服装画的表现中，人体是服装画中一个密不可分的部分，因为服装画表现的就是人体着装后的效果，人是服装的主要依托。所以要想掌握服装画的快速表现，首先必须深入了解人体的基本结构、比例和运动规律等基本知识。需要注意的是，服装画人体与实际人体是有区别的。服装画主要是通过人物来表现时装，所以在服装画的绘制过程中会对人物形象进行夸张处理。需要强调人物的苗条和修长的感觉，这样在一定程度上就必须超出正常人的比例。正常成人的头长与身高比例一般是1:7.5，但是在服装画中我们通常把比例夸张到1:8或1:9，有的甚至夸张到1:10及以上。但这种比例的夸张并非是整个人体被拉长了，而是上身基本保持正常比例，拉长的部分着重放在腿部，这样就能达到我们想要的视觉效果。

（一）人体结构

人体结构分为四大部分：头部、躯干、上肢、下肢，而整个人体是由人体骨架决定的。为了便于记忆和掌握人体造型的快速表现，我们需要记住图3-1中一些块面和相对应的线条所代表的部位的名称。

（二）人体姿态

人体的姿态主要分静态和动态两种。静态是一种相对稳定的状态，当人体以"立正"的姿势直立的时候，人体就处于静止状态，身体各部位也是对称的。但我们观察服装画就不难发现，服装画人体更注重动态感表现，服装画模特的动态总是千变万化，优美动人。所以我们必须学会服装人体各种姿态的绘制，以便于更好的从各个角度和方面来展示服装（图3-2）。

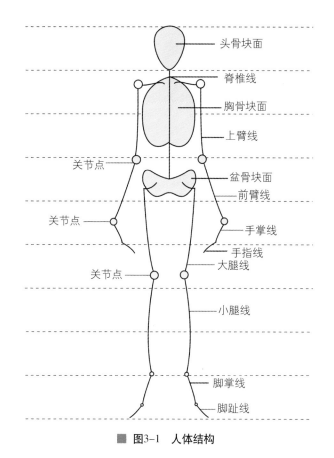

图3-1　人体结构

头骨块面
脊椎线
胸骨块面
上臂线
关节点
盆骨块面
前臂线
关节点
手掌线
手指线
大腿线
关节点
小腿线
脚掌线
脚趾线

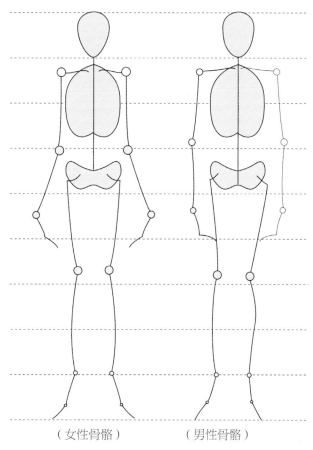

（女性骨骼）　　（男性骨骼）

图3-2　人体立正姿态

在绘制各种人体姿态时，要注意的一点是要保持身体重心的平衡，也就是从人体头部中心垂直画下的直线必须落在两脚之间或者其中一只脚上。一般受重力多的那只脚更靠近重心线，这一侧的盆骨也高些。如果重心线不是落在两脚或两脚中间，就必须依靠外部的事物来支持人体（图3-3）。

在服装画中人体动态的选择也是有讲究的，并不是每一个人体动态都能达到我们想要表现的服装效果。为了更好地表现出服装画的不同风格，表现着装者的整体气质和完美效果，我们在画正稿之前必须要对服装的动态选择进行周密的考虑，应先从能有利于表现服装的角度来进行选择。一般情况下，人体站立的正面姿势有利于相对完整地表现服装的基本款型和结构，甚至一些服装的细节部分。半侧和侧面次之，服装画背面的动态重在表现背面的设计重点（图3-4）。

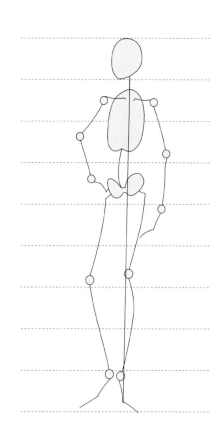

■ 图3-3　人体动态表现1

（三）人体肌肤

肌肤是依附在人体骨架上的组织。在人体骨架搭建好人体的姿态后就可以表现人体的肌肤了。在添加人体肌肤时应注意符合人体的基本构造和各部位肌肉的发达与粗细程度。在绘制时应注意以下几点：

① 脖子和关节处的肌肤处于贴近骨骼状态，肌肉较少，较薄。

② 下肢的肌肉比上肢的肌肉发达、粗壮。

③ 皮肤几乎没有厚薄变化，随骨骼和肌肉的起伏而变化。

④ 女性胸部隆起，但男性胸骨块面的肌肉比女性丰厚。

⑤ 女性盆骨块面周围的肌肉比男性丰富。

⑥ 女性肌肤比男性肌肤细腻、柔和（图3-5、图3-6）。

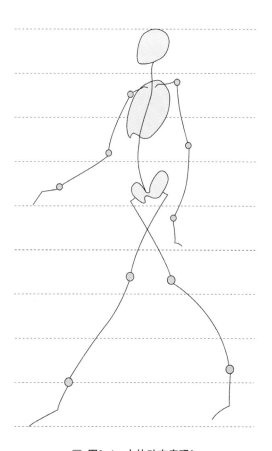

■ 图3-4　人体动态表现2

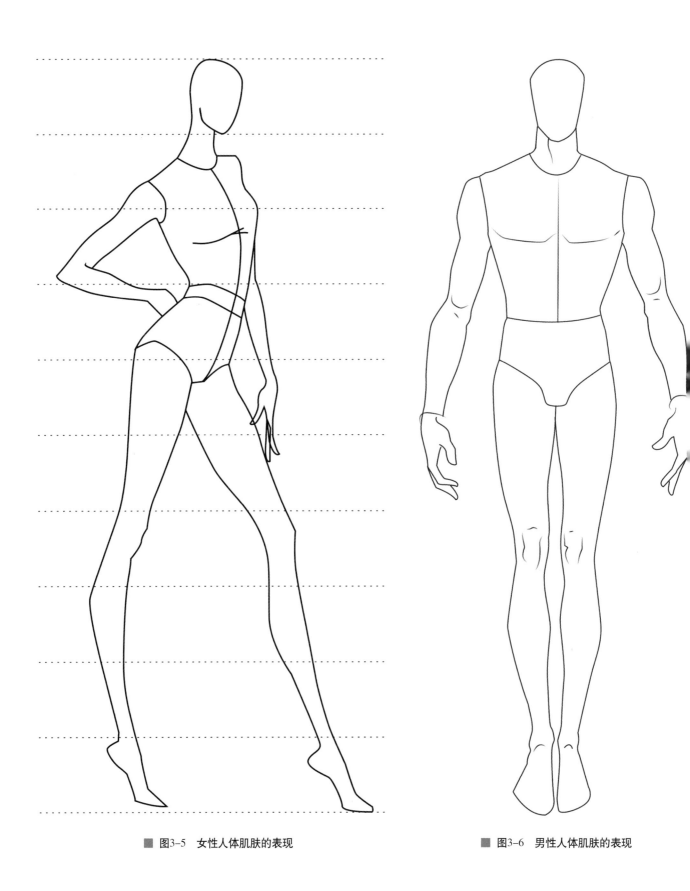

■ 图3-5 女性人体肌肤的表现　　　　　　　　　　　　■ 图3-6 男性人体肌肤的表现

二、女性人体的绘制与表现

女性人体的优美是在于她的曲线感，曲线美已经成为了人们对于女性人体美的共识。夸张女性的臀部是服装画的普遍表达形式，其次是收细女子的腰部而凸显女子的胸部，这样画效果图就会很自然地抓住女性的人体特征。三围比例的优美是每一位女子都期盼的，而优美地表现女子的三围比例当然也是每位服装设计师乐于去践行的。

（一）女性人体的比例

在服装画中女性人体总长为头长的八倍或九倍。即我们所说的八头长和九头长。当然也有十个头长的，但九头长在服装画的绘制中比较常见。

① 肩宽约为头长的1.5倍。

② 臀宽略小于肩宽或等于肩宽。

③ 手臂的起点位于肩端点，自然垂直的长度约为3.5倍头长。

④ 手掌长度略小于1倍头长。

⑤ 脖子长度约为头长的1/2。

⑥ 肩线到腰线约1.5倍头长。

⑦ 臀高约一个头长。

女性人体的绘制步骤：

① 首先把身高分成九等分（图3-7）。

a. 在第一个头长的地方把头部简略的用椭圆形概括出来。

b. 第二个头长的1/2处为肩部的位置。

c. 第三个头长为腰节的位置。

d. 第四个头长处为臀围的位置。

e. 第六个头长为膝盖的位置。

f. 第八个头长为脚踝骨的位置。

g. 第九个头长为脚尖的位置。

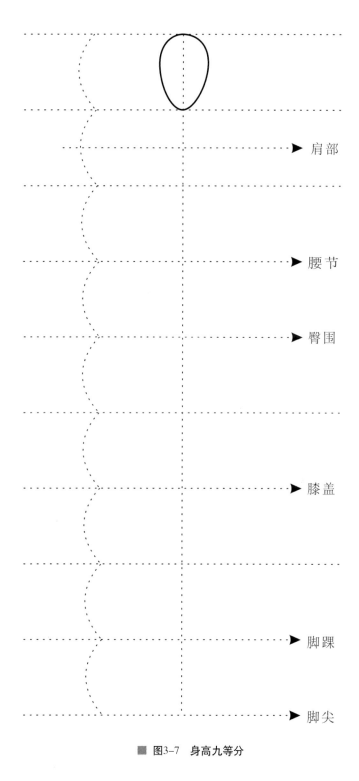

肩部

腰节

臀围

膝盖

脚踝

脚尖

■ 图3-7　身高九等分

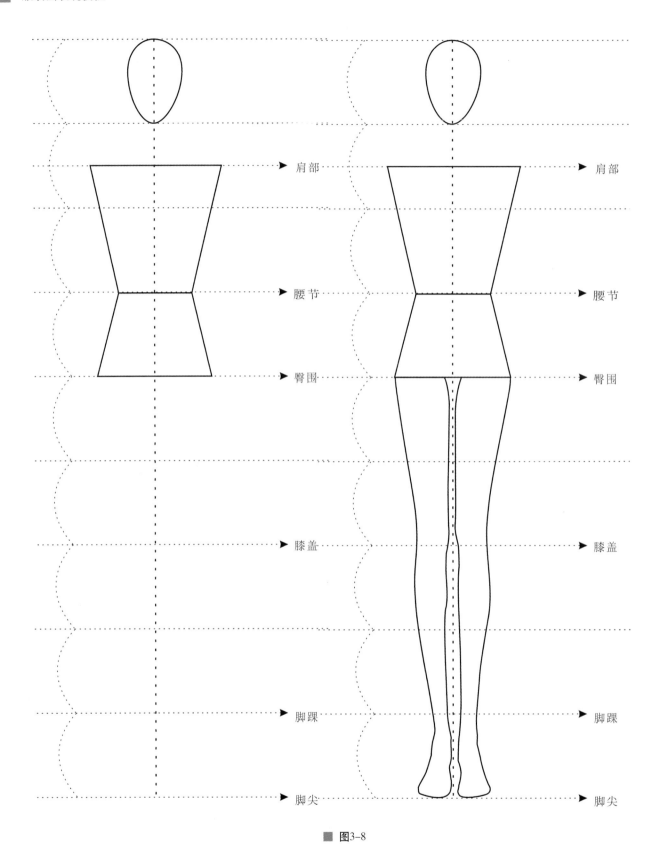

肩部

腰节

臀围

膝盖

脚踝

脚尖

肩部

腰节

臀围

膝盖

脚踝

脚尖

■ 图3-8

② 定出肩宽、腰宽和臀宽，画出上身和臀部的
两个梯形（图3-8左）。

③ 画出下肢，并连接胸廓和臀部曲线（图
3-8右）。

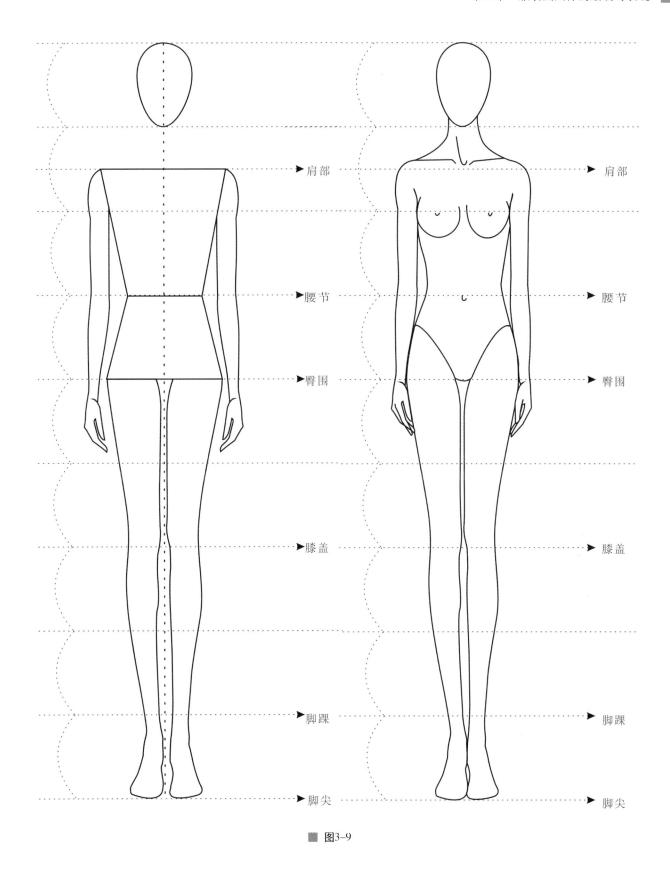

▶肩部　　　　　　　　▶肩部

▶腰节　　　　　　　　▶腰节

▶臀围　　　　　　　　▶臀围

▶膝盖　　　　　　　　▶膝盖

▶脚踝　　　　　　　　▶脚踝

▶脚尖　　　　　　　　▶脚尖

图3-9

④ 画出上肢，手臂垂下时，肘关节位于腰节的位置，指尖自然下垂，位于大腿中部位置（图3-9左）。

⑤ 画出颈部和乳房，把肩部的肩斜表现出来（图3-9右）。

（二）女性人体的动态表现

女性人体动态的特点（图3-10~图3-12）：

① 肩部和臀部的梯形倾斜方向相反。

② 重心线要落在两脚中间或其中一只脚上。

③ 要注意手臂和腿部的长短透视变化。

④ 要注意手脚的大小透视变化。

三、男性人体的绘制与表现

一般来说，夸张肩部的画法是服装画中对男性的专利，同时还要适当的忽略臀部，这样才能很好地用时装画来表现出男性特有的刚毅。男性人体特征一般可以用"T"来表达，而女性人体特征一般可以用"X"来表达。这两个字母一个强调了肩部的宽阔，一个强调了腰部的纤细，这就是男女人体特征

■ 图3-10 女性人体动态1

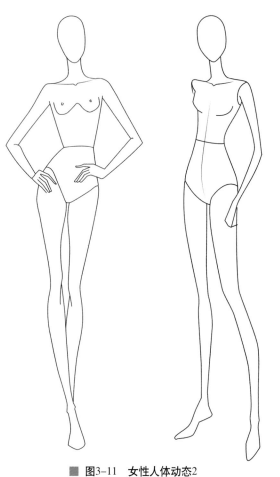

■ 图3-11 女性人体动态2

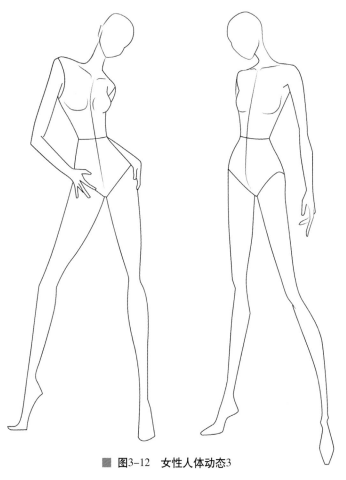

■ 图3-12 女性人体动态3

的造型区别。所以在绘制时装画时我们一定要抓住性别不同而呈现的人体造型特征来画服装效果图。

（一）服装画绘制中男女体型的差异

① 在绘制男性人体时，男性的头部在外轮廓上要做些夸张，额部较宽，其下巴线条和脖子要尤其强调，男性的下巴要有明显的轮廓，脖子画得要比女性的粗大。

② 男性人体的肩膀要比女性的稍宽。

③ 男性人体的手臂从肩膀上凸起，男性的手臂线条不像女性手臂那样笔直流畅，而是要画出肌肉感，尤其在三头肌处要画得比女性突出，男性的手臂几乎是女性手臂的两倍粗。

④ 男性人体的腰围没有女性腰围那么纤细，相比较而言男性的腰围比较正常，不同的地方在于男性的腰线比女性的腰线稍低点。

⑤ 男性臀部的外形曲线较小，不像女性臀部那么丰满，男性骨盆比女性的窄。

⑥ 男性的腿比女性的粗短，膝盖骨的轮廓比女性的更为明显，在大腿和小腿的肌肉发达地方可以做些轻微的夸张。

⑦ 男性同女性的脚部比较起来，脚踝没有那么纤细，脚掌也较为宽大。

（二）男性人体的绘制步骤

男性人体的绘制步骤与女性人体绘制步骤相同：

① 首先把身高分成九等分。

a. 在第一个头长的地方把头部简略的用椭圆形概括出来。

b. 第二个头长的1/2处为肩部的位置。

c. 第三个头长为腰节的位置。

d. 第四个头长处为臀围的位置。

e. 第六个头长为膝盖的位置。

f. 第八个头长为脚踝骨的位置。

g. 第九个头长为脚尖的位置。

② 定出肩宽，腰宽和臀宽，画出上身和臀部的两个梯形。

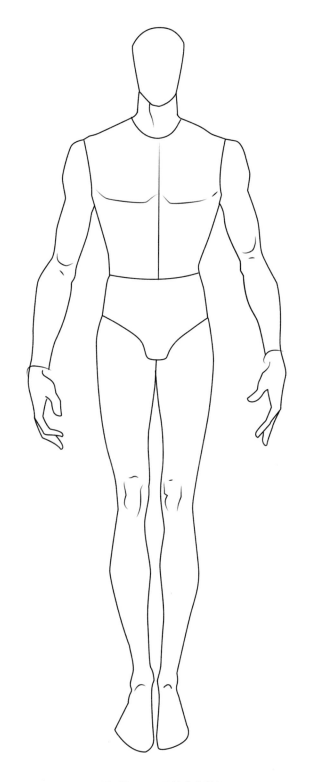

■ 图3-13　男性人体绘制

③ 画出下肢，并连接胸廓和臀部曲线。

④ 画出上肢，手臂垂下时肘关节位于腰节的位置，指尖自然下垂位于大腿中部位置。

⑤ 画出颈部和胸肌，把肩部的肩斜表现出来（图3-13）。

（三）男性人体的动态表现

男性人体动态的特点（图3-14~图3-15）：

① 肩部和臀部的梯形倾斜方向相反。

② 重心线要落在两脚中间或其中一只脚上。

③ 要注意手臂和腿部的长短透视变化。

④ 要注意手脚的大小透视变化。

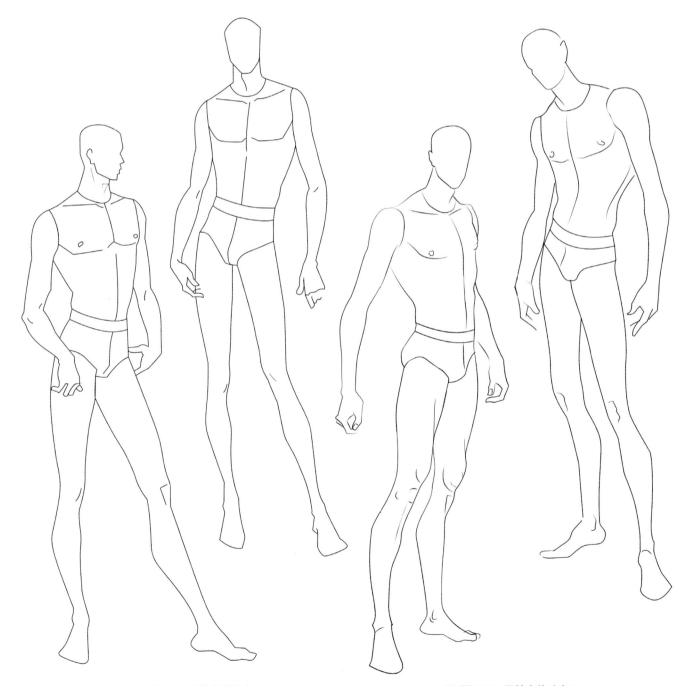

■ 图3-14　男性人体动态1　　　　　　　　　　■ 图3-15　男性人体动态2

四、儿童人体的绘制与表现

儿童造型的共性特征是头大，身躯比例较成年人短。我国成年人的人体比例一般为七个半头长，古代画论中对于人体的长度描绘有："立七坐五盘三"之论。但是，儿童人体比例因年龄的不同各有差异，但总的来说，与成年人相比儿童头大的特征还是比较明显的。儿童大致可以分为：婴幼儿期、童年期，青少年期。不同时期儿童的人体发育是有明显差异的，我们在绘制儿童服装效果图时要注意不同时期的儿童人体比例特征是不同的。

（一）婴幼儿期

婴幼儿期的年龄段为0~6岁，他们看上去很机灵、活泼、胖乎乎、健康并且好动。这一时期身体的总特征是头大而圆，脖子细而短，肚子圆滚，四肢短而肥，手脚小而胖，颈部、腕部和踝部有褶纹和凹痕。身高大约为4个头长，肩宽略大于1个头长，腰宽大于臀宽（图3-16、图3-17）。

（二）童年期

童年期的年龄段为7~12岁，这一时期的体型与婴幼儿期的体型相比，身高逐渐增长，四肢增长，但头部的变化较小，臀腰差逐渐明显，形态没有婴幼儿期那么圆滚。这个时期的童体特征是头大而圆，脖子细而短，腰部呈桶形，手脚较小，身高大约为5个头长，肩宽稍微大于1个头长，臀宽略大于腰宽（图3-18、图3-19）。

（三）青少年期

青少年的年龄段为12~16岁，这个时期的体型变化比较明显。头部逐渐变得清瘦，身高逐渐增长，臀部和腰部的曲线逐渐明显，脖子变得细长，手脚增大并且体现出骨感，四肢变细长，男女性别特征逐渐凸显。这个时期的人体身高约为7个头长，肩宽约小于1.5个头长，臀宽大于腰宽（图3-20、图3-21）。

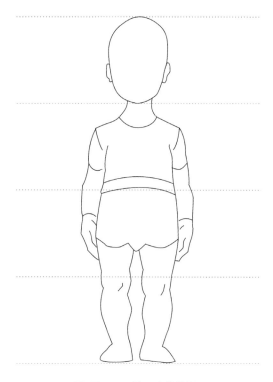

■ 图3-16　幼儿人体绘制

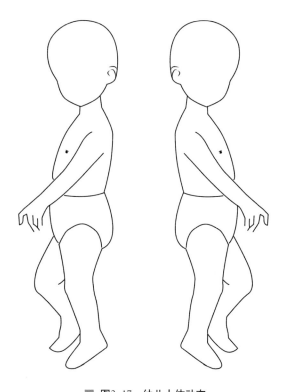

■ 图3-17　幼儿人体动态

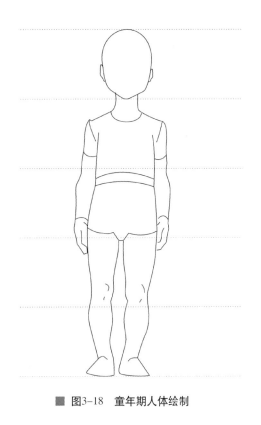

■ 图3-18　童年期人体绘制

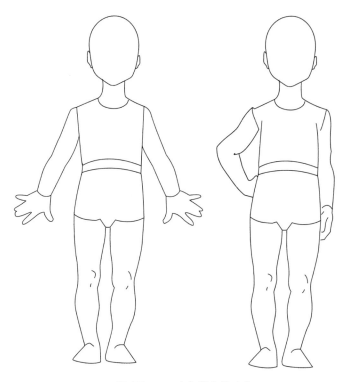

■ 图3-19　童年期人体动态

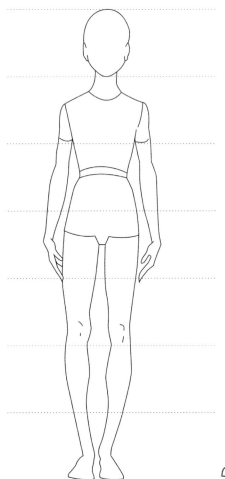

■ 图3-20　青少年期人体绘制

■ 图3-21　青少年期人体动态

第四章　服装材料质感的表现

　　服装材料的多样性也为我们画服装画提出了各种的要求，我们可以用各种不同的工具、各种绘制技法来表现各种面料。一般来讲，服装材料首先包括纤维材料，主要指天然纤维和人造纤维；其次是动物的皮毛材料以及人造皮毛类；第三是指特殊服装材料，包括各种金属材料、木质材料、涂层效果材料等。不同的服装材料都有着各自的视觉特点，我们要善于抓住不同材料的视觉感，以表现出其特征。在服装画中，如何恰当的表现服装的材料质感是设计师必需掌握的技能。

一、牛仔面料的绘制

（一）牛仔面料的分类

在生产和使用上，牛仔布一般按成分、工艺、织造方法等进行分类。大致分类如下：

成分：全棉牛仔布、混纺牛仔布、涤棉牛仔布、天丝牛仔布、麻棉牛仔布、黏胶牛仔布。

纱支：轻型牛仔布、中型牛仔布、重型牛仔布。

织造：梭织牛仔布、针织牛仔布。

纹理：斜纹牛仔布（右斜）、破斜纹牛仔布（左斜）、凸条牛仔布、提花牛仔布、平纹牛仔布、缎纹牛仔布、二片综平纹（学生布）、三片综斜纹布、四片综卡其布、八片综或锦纶提花牛仔布。

密度：轻磅牛仔布（6~10安）、中磅牛仔布（10~13安）、重磅牛仔布（13安以上）。

工艺：双缩牛仔布、退浆牛仔布、漂洗牛仔布、磨毛牛仔布、印花牛仔布、植绒牛仔布、丝光牛仔布、轧光牛仔布、烫金烫银牛仔布、砂洗牛仔布、金银丝牛仔布、抗静电牛仔布、皮膜涂层牛仔布。

（二）牛仔布的绘制方法

传统的牛仔面料以棉质蓝色斜纹布为主，质地厚而硬挺，经过水洗、石磨等工艺处理，产生独特的色彩和质感，风格粗犷。这种特有的水洗效果和辑明线工艺是牛仔类服装最显著的两大特征，需要花多些时间去掌握这些细节的表现技巧。一般先以深色水彩或水粉颜料平涂底色，再用彩色铅笔表现斜纹和石磨的斑驳效果（图4-1~图4-4）。

① 用笔在纸上淡淡地平涂一层蓝色（图4-1）。

② 用加深的蓝黑色表现服装的阴影和结构（图4-2）。

③ 用白色画出牛仔布料的斜纹（图4-3）。

④ 画出牛仔面料的反光效果（图4-4）。

图4-1　牛仔布料绘制步骤1

图4-2　牛仔布料绘制步骤2

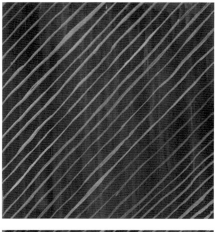

图4-3　牛仔布料绘制步骤3

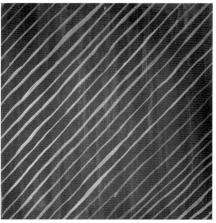

图4-4　牛仔布料绘制步骤4

二、丝绸面料的绘制

丝绸面料的最大特点就是轻薄,并具有很好的光泽效果。当然,丝绸面料的悬垂感也特别明显,礼服大多都会采用丝绸面料。掌握服装材料的性能与特点是设计师的专业要求,也只有了解了这些丝绸面料的特点之后,我们才能够有意识的去画好丝绸的质感,表现丝绸面料的光感、悬垂感等。

（一）线绸的分类

丝绸按不同的标准有许多分类,按原料和组织方式分为:

真丝绸:以真丝为原料生产的丝绸,是用蚕丝加工成丝绸的统称。

人造丝绸:以人造丝为原料生产的人造丝绸。

合纤绸:用合成纤维为原料生产的仿丝绸。

交织绸:用两种不同原料交织成的仿丝绸。

（二）丝绸面料的绘制方法

丝绸织物手感柔软、轻薄,色泽鲜艳而稳重,图案精细。丝绸面料的品种多种多样,所呈现的外观效果也不尽相同(图4-5~图4-8)。

① 用铅笔轻轻画出线稿(图4-5)。

② 用浅色画出底色(图4-6)。

③ 用笔加深明暗关系,并使之呈现柔软的特点(图4-7)。

④ 提出高光,过渡要柔和(图4-8)。

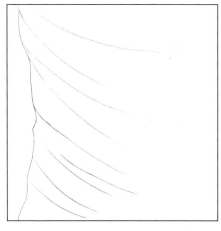

■ 图4-5 丝绸面料绘制步骤1

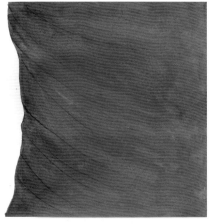

■ 图4-6 丝绸面料绘制步骤2

■ 图4-7 丝绸面料绘制步骤3

■ 图4-8 绸缎面料绘制步骤4

三、蕾丝的绘制

蕾丝是一种舶来品，为网眼组织，最早由钩针手工编织。欧美人在女装特别是晚礼服和婚纱上用得很多。过去，蕾丝通常运用在高级定制中，如今也运用在成衣里。其从最初的手工编织的网眼花边，到服装上的点缀装饰，再到透视装的面料，或华丽纯真、或性感。我们在绘制时要善于抓住蕾丝透、薄、精细的质感特点对其进行刻画。

（一）蕾丝的分类

蕾丝面料的特点是透雕精细，质地轻薄，给人一种清凉的感觉。广泛运用于各类礼服及内衣类服装中。蕾丝的种类繁多，不同种类的蕾丝根据服装的需要放在不同服装的各个部位。总的来说蕾丝根据制作工艺和材料大致可以分为：刺绣蕾丝、化纤蕾丝、棉布蕾丝、棉线蕾丝、水溶蕾丝。

（二）蕾丝面料的绘制方法

在绘制蕾丝面料时要重点放在图案的精致刻画上（图4-9~图4-12）。

① 用铅笔勾出纹样大致的位置，此时的铅笔在使用时一定要注意用笔轻重的把握，因为一旦上了色再想修改就会对画面产生损害（图4-9）。

② 用笔画出纹样的轮廓，轮廓的绘制需要提前想好整个画面的布局（图4-10）。

③ 用笔对纹样做出进一步的描绘，此时可以进行图案的精致绘画，把蕾丝上的一些辅助花纹详细地描绘出来（图4-11）。

④ 深入刻画，画出底层网格，添加细节，最后根据想要表达的蕾丝的颜色进行上色（图4-12）。

图4-9 蕾丝面料的绘制步骤1

图4-10 蕾丝面料的绘制步骤2

图4-11 蕾丝面料的绘制步骤3

图4-12 蕾丝面料的绘制步骤4

四、针织面料的绘制

针织面料即是利用织针将纱线弯曲成圈并相互串套而形成的织物。针织面料质地松软，除了有良好的抗皱性和透气性外，还具有较大的延伸性和弹性，适宜于做内衣、紧身衣和运动服等。我们在绘制针织面料时要注意不同种类的针织面料表现特征不同，比如说螺纹针织物的粗狂、平纹针织物的细腻等，在绘制时要注意对其肌理特征进行侧重表现。

（一）针织面料的分类

针织面料分为纬编针织面料和经编针织面料。

纬编针织面料又主要分为涤纶针织劳动面料、涤纶针织灯芯条面料、涤盖棉针织面料、天鹅绒针织面料等。

经编针织面料又主要分为：涤纶经编面料、经编起绒织物、经编网眼织物、经编丝绒织物等。

（二）针织面料的绘制方法

针织面料具有良好的弹性，穿着时紧贴人体，有些尽管是宽松的造型，但在人体的突出部位，同样能够体现出人体的线条美。其次，针织面料非常柔软，穿着舒适，组织结构自成体系。针织面料的这些特征是我们表现其质感的关键（图4-13～图4-16）。

① 淡彩渲染，用铅笔轻轻勾勒出每一段针织物的位置（图4-13）。

② 填充织物条纹，画出深浅关系（图4-14）。

③ 以交叉线的笔法模拟马尾花纹，并绘出暗部，以突出体积感（图4-15）。

④ 用细笔勾勒出马尾辫的细节肌理（图4-16）。

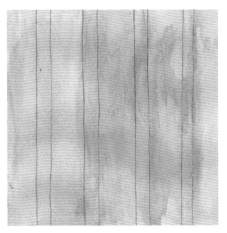

■ 图4-13　针织面料的绘制步骤1

■ 图4-14　针织面料的绘制步骤2

■ 图4-15　针织面料的绘制步骤3

■ 图4-16　针织面料的绘制步骤4

五、毛皮的绘制

毛皮作为服装材料大家族的成员之一，也是最古老、最有生命力的服装材料之一。自古以来，毛皮服装就以其特殊的实用性和装饰性受到人们的喜爱。所以，我们在绘制毛皮服装画时要善于用好各种工具，包括使用各种肌理效果来表现动物毛皮材料的质感。

（一）毛皮的分类

服装上通常应用的毛皮有羊、兔、狗毛皮等，比较名贵的有狐狸、海獭、貂、海狸鼠、海豹的毛皮等，常用做大衣、帽子、围巾的材料。

（二）毛皮的绘制方法

① 由中轴线呈辐射状绘出毛峰走向（图4-17）。

② 用较深色丰富画面层次感（图4-18）。

③ 用深浅各异的颜色深入描画以突出柔软感及反光感（图4-19）。

④ 细微刻画毛针通过色调来表现其光滑润泽的质感（图4-20）。

■ 图4-17　毛皮的绘制步骤1

■ 图4-18　毛皮的绘制步骤2

■ 图4-19　毛皮的绘制步骤3

■ 图4-20　毛皮的绘制步骤4

第五章　服装画技法解析

服装画效果的表现技法多种多样，技法不同效果各异。服装画的种类繁多，在绘制时要根据不同的要求来创作，这也是对设计师的基本要求。画服装效果图，或者画时装艺术画等，我们都需要掌握一定的绘画技巧，不仅要对工具使用娴熟，也要善于在创作中创新。

一、着装效果图的多种表现

服装效果图的表现可以通过马克笔、铅笔、彩铅、水彩、水粉颜料来进行。在纸张的选择中也可以选择素描纸、肯特绘图纸、荧光纸和复印纸等材料。服装效果图的绘制不是一件墨守成规的事情，在绘画过程中，可以根据所需的风格和面料质地进行几种工具的混合使用。

（一）纹样绘制

纹样的绘制练习是服装效果图绘画中不可缺少的一个环节，通过对纹样的绘制，让服装效果图变得更加的丰富。我们在给服装绘制衣服纹样时，要注意服装穿在人体上所产生的褶皱变化引起的服装纹样的变化，利用服装褶皱的变化规律绘制纹样，这样可以使服装显得自然不呆板。

在绘制纹样时，第一步应该掌握的技法是条纹的绘制，将它们垂直排列组成图案。平行条纹是另一种基本图案，把这两种条纹相结合，便可创造出网眼或格子图案。很多图案都是在这些基础图案上建立起来的，它可以成为小格纹、苏格兰格纹及图案的基本纹样或形状重复的基准线。格纹可以进行交错，平行可组成砖形格纹，垂直可组成半矩形格纹，把方格纹摆在对角线上或斜放便可形成另一组基本图案，从方形到菱形展开这些斜向方格，会出现更多种纹样。

① 垂直条纹：基准线加宽，组成条纹，利用间隔的色彩可以增加纹样的表现力（图5-1）。

■ 图5-1　垂直条纹

② 平行条纹：这种条纹是通过基准线之间的间隔色彩创造出来的（图5-2）。

■ 图5-2　平行条纹

③ 小方格纹：在垂直和平行的基准线间夹着间隔色，以色彩来强调这种交错（图5-3）。

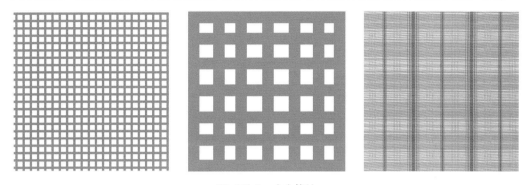

■ 图5-3　小方格纹

④ 圆点纹：圆点必须在斜格纹的基准上来组织，如果不这样，就会变成不同的图案（图5-4）。

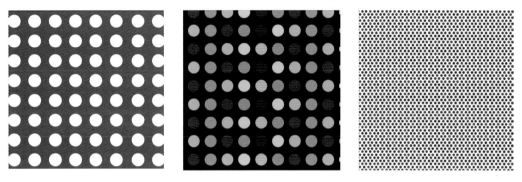

■ 图5-4　圆点纹

⑤ 曲线纹：这种图案也是建立在斜格纹的基础之上的（图5-5）。

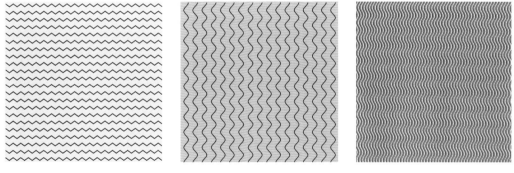

■ 图5-5　曲线纹

⑥ 几何纹：几何纹是几何图案组成的有规律的纹样（图5-6）。

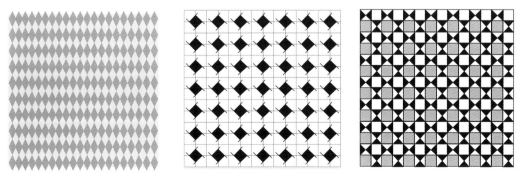

■ 图5-6　几何纹

⑦ 花型纹：在半矩形格纹的基础上，基本图案重复时，相隔一定的距离（图5-7）。

■ 图5-7　花型纹

⑧ 斜条纹：这种纹样是由斜线的重复出现而形成的（图5-8）。

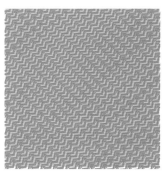

■ 图5-8　斜条纹

⑨ 阿盖尔菱形图案：这种纹样是在斜方格的基础上，色调相间而形成的，附加点及方格将菱形纹样平分开来（图5-9）。

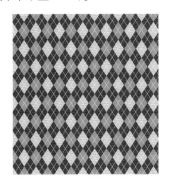

■ 图5-9　阿盖尔菱形图案

⑩ 三角形纹：三角形格纹被用作相间与交错的基本纹样（图5-10）。

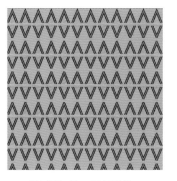

■ 图5-10　三角形纹

（二）各种纹样图鉴

布料上的图案有的是印花纹、有的是编织花纹，其种类繁多，应熟悉掌握几种主要图案的基本类型。

在布料上绘制花纹时，先给服装涂上底色，再绘制图案，最后按照质地由下向上的顺序逐层上色。当颜色重叠时，往往使用马克笔或水彩表现（图5-11~图5-16）。

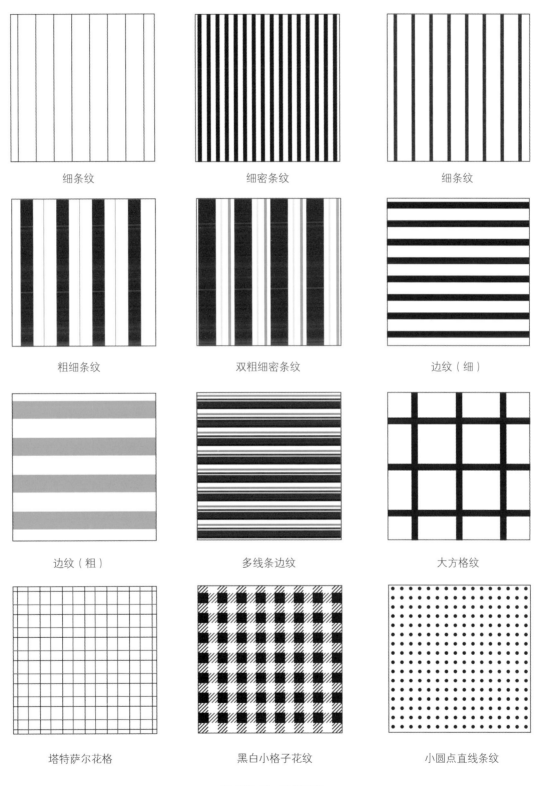

细条纹	细密条纹	细条纹
粗细条纹	双粗细密条纹	边纹（细）
边纹（粗）	多线条边纹	大方格纹
塔特萨尔花格	黑白小格子花纹	小圆点直线条纹

■ 图5-11　纹样图鉴

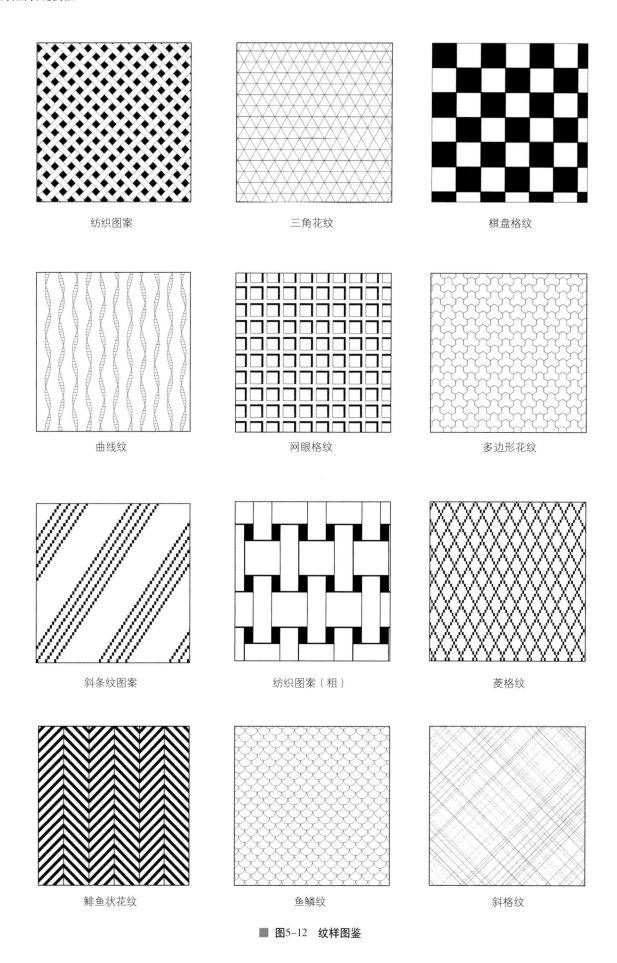

纺织图案

三角花纹

棋盘格纹

曲线纹

网眼格纹

多边形花纹

斜条纹图案

纺织图案（粗）

菱格纹

鲱鱼状花纹

鱼鳞纹

斜格纹

■ 图5-12　纹样图鉴

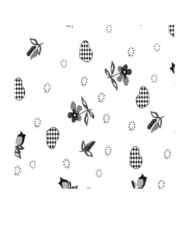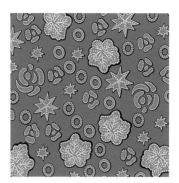

■ 图5-13　小碎花纹

■ 图5-14　印花纹

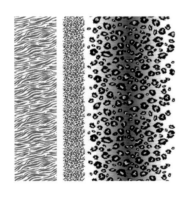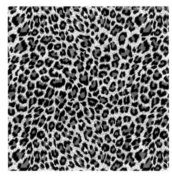

■ 图5-15　豹纹

■ 图5-16　印染花纹

（三）不同质地服装的表现效果

1. 蕾丝的表现效果

① 蕾丝面料的服装在表现的时候，先用铅笔勾勒出蕾丝的图案，再开始上色（图5-17）。

② 用马克笔，透过衣服给肌肤上色，空出肌肤与衣服的交界处（图5-18）。

③ 进一步刻画皮肤的明暗，给模特脸部进行上色（图5-19）。

④ 进一步刻画模特的妆容和头发（图5-20）。

⑤ 用马克笔先大致的画出上衣的明暗部位，裙子空出蕾丝花纹部分（图5-21）。

⑥ 用细线把人物再勾勒一编，完成效果图（图5-22）。

■ 图5-17　蕾丝绘制步骤1

■ 图5-18　蕾丝绘制步骤2

■ 图5-19　蕾丝绘制步骤3

■ 图5-20　蕾丝绘制步骤4

■ 图5-21　蕾丝绘制步骤5

2. 针织面料的表现

针织面料具有一定的"伸缩性"在表现时注意针织面料表面纹理的绘制。

① 画出人物线稿，在绘制针织面料时，面料走向要根据人体动态的变化而变化，切勿画得过于呆板（图5-23）。

② 用马克笔先勾勒出肤色（图5-24）。

③ 用更深的肤色颜色，在皮肤暗部加深，绘制出立体感（图5-25）。

④ 用灰色马克笔绘制出上衣部分，注意面料重叠部分的明暗关系（图5-26）。

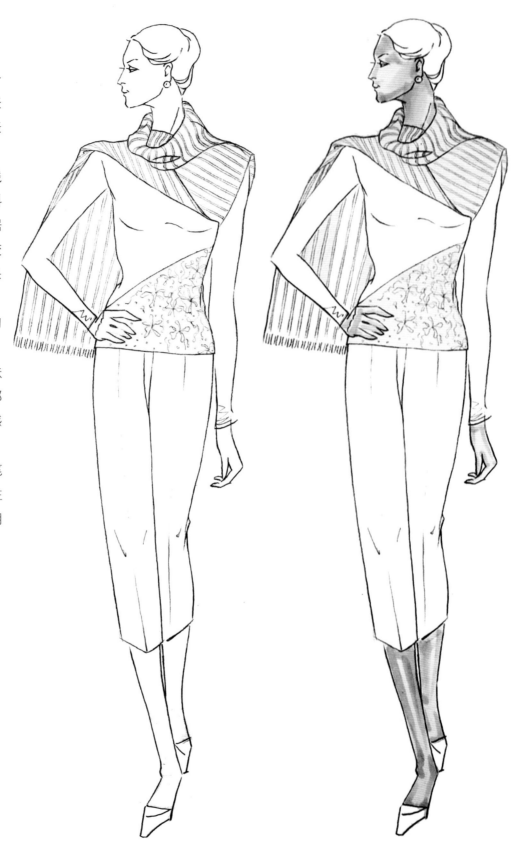

■ 图5-23 针织服装绘制步骤1　　■ 图5-24 针织服装绘制步骤2

图5-25 针织服装绘制步骤3   图5-26 针织服装绘制步骤4

⑤ 用深色马克笔绘制裤子。粗细笔触相结合，用笔应轻松随意，不可太过拘谨（图5-27）。

⑥ 绘制出裤子的明暗关系（图5-28）。

⑦ 调整局部细节（图5-29）。

⑧ 给鞋子上色，留出高光部位（图5-30）。

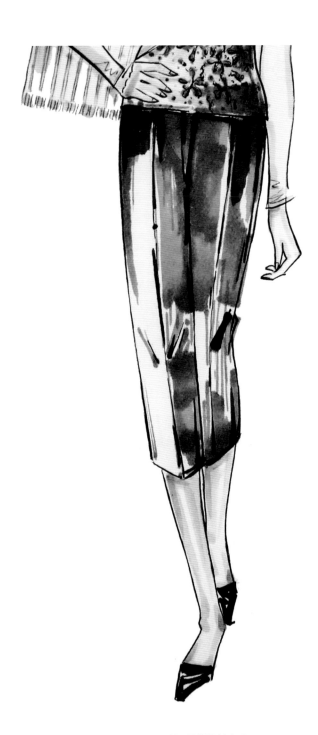

■ 图5-27　针织服装绘制步骤5　　　　　　　　　　■ 图5-28　针织服装绘制步骤6

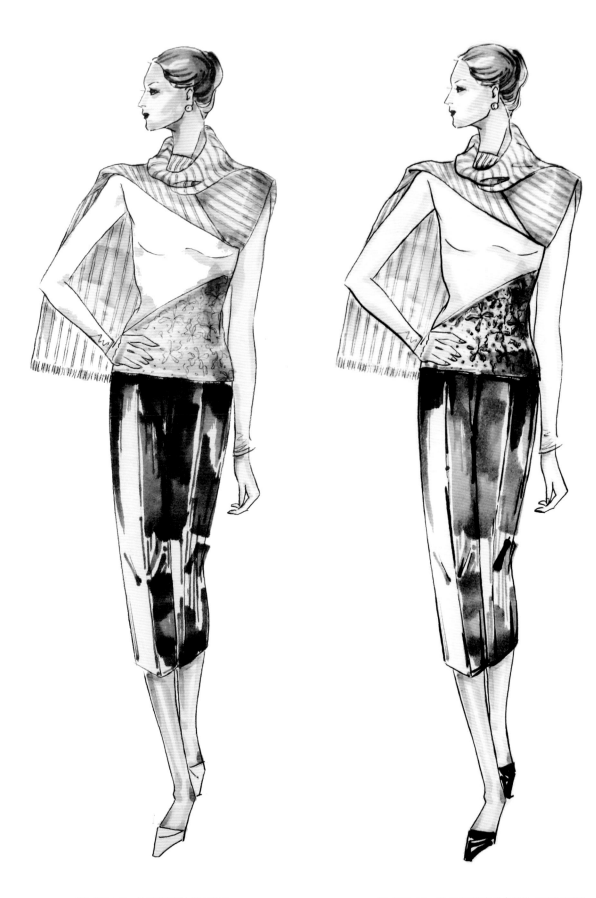

■ 图5-29　针织服装绘制步骤7　　　　　　　　　　■ 图5-30　针织服装绘制步骤8（唐甜甜绘）

3. 棉布的表现

棉布有比较容易起褶皱的特点，在表现时应该注意棉布褶皱的处理。

① 用铅笔大致画出人物衣着动态（图5-31）。

② 用马克笔给肌肤涂上颜色，空出衣服位置（图5-32）。

③ 上衣透明部分，也用马克笔画出底层肌肤的颜色，并根据衣服颜色，绘制出上衣部分（图5-33）。

④ 用浅色马克笔绘制出浅色裤子的明暗，画出缝线的痕迹（图5-34）。

⑤ 用鲜艳的颜色给模特脸部上色（图5-35）。

⑥ 用黑色针管笔进行最后一步的调整勾线，完成效果图（图5-36）。

■ 图5-31　棉布表现步骤1

■ 图5-32　棉布表现步骤2

■ 图5-33　棉布表现步骤3

■ 图5-34　棉布表现步骤4

■ 图5-35　棉布表现步骤5

■ 图5-36　棉布表现步骤6（唐甜甜绘）

4. 皮革与毛皮的表现

皮革与毛皮种类繁多，皮革分有光泽与无光泽两种，毛皮分短毛和长毛两类，在表现皮革与毛皮的时候要根据它们的特征来表现。

① 用铅笔画好人物线稿，用马克笔给皮肤上第一遍色（图5-37）。

② 用灰色马克笔绘制上衣，注意用笔不要太碎，画出毛皮的质感（图5-38）。

③ 用细头马克笔画上头发明暗（图5-39）。

④ 用深色马克笔给上衣上第二遍色。深入刻画毛皮上衣的质感（图5-40）。

⑤ 用黑色马克笔进一步刻画出皮裤的质感（图5-41）。

⑥ 用深色马克笔画出皮裤的明暗（图5-42）。

■ 图5-37　毛皮绘制步骤1　　　　　　■ 图5-38　毛皮绘制步骤2

■ 图5-39　毛皮绘制步骤3

■ 图5-40毛皮绘制步骤4

■ 图5-41　毛皮绘制步骤5

■ 图5-42　毛皮绘制步骤6

⑦ 根据皮裤再调整上衣，让整体显得更加协调（图5-43）。

⑧ 用黑色马克笔画出鞋子细节，空出高光部分，整体效果图完成（图5-44）。

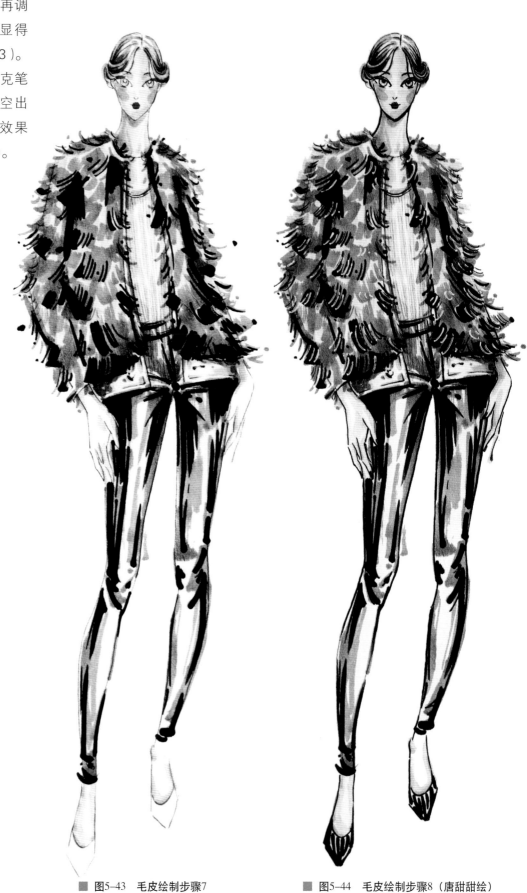

■ 图5-43 毛皮绘制步骤7　　　　■ 图5-44 毛皮绘制步骤8（唐甜甜绘）

5. 珠光质地的表现

珠光质地的服装亮点很多，在表现珠光质地服装的时候，要注意区分光影的变化带来服装面料的变化。要先确定光线是集中的反射还是漫反射，再根据光影的变化来绘制。

① 用铅笔画出人物着装线稿（图5-45）。

② 用马克笔给裸露的皮肤上色（图5-46）。

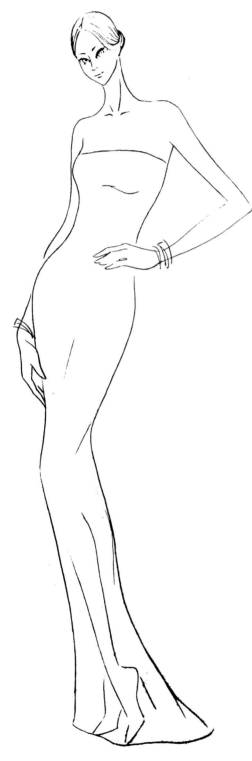

■ 图5-45 珠光质地表现步骤1

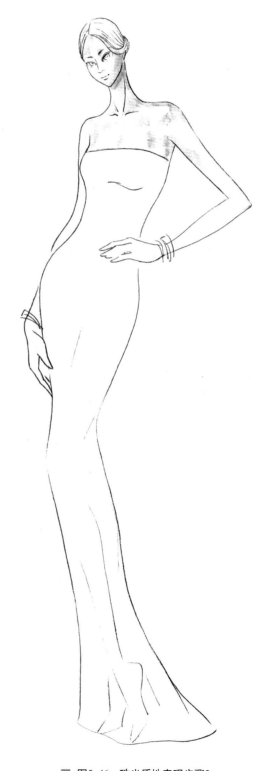

■ 图5-46 珠光质地表现步骤2

③ 用马克笔进一步深入刻画皮肤（图5-47）。

④ 根据人体曲线，画出裙子的基础色（图5-48）。

⑤ 用深色马克笔进一步深入刻画裙子细节，留出高光的位置（图5-49）。

⑥用白色颜料在暗部点缀，增强配饰和珠光效果，完成效果图（图5-50）。

■ 图5-47　珠光质地表现步骤3　　　　■ 图5-48　珠光质地表现步骤4

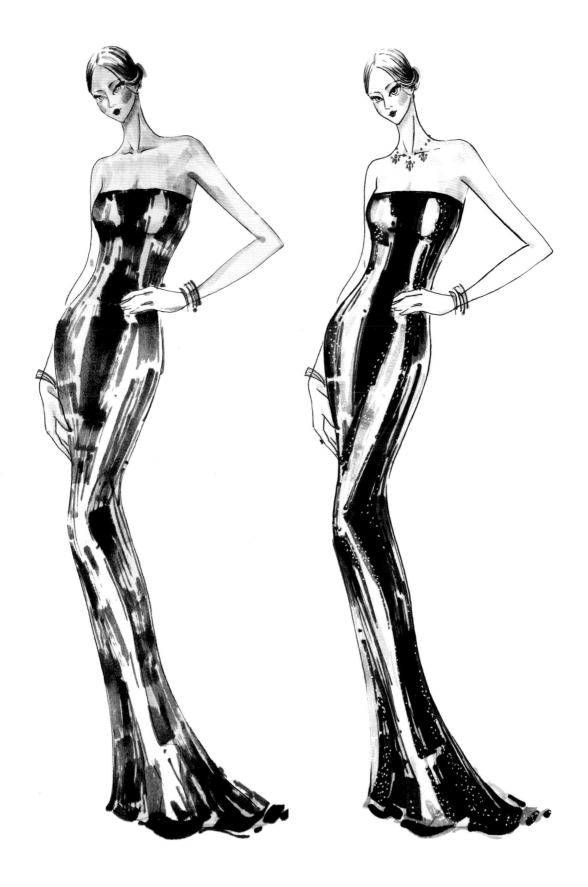

二、服装款式图的表现

服装款式图又称为平面结构图或工艺图，是指一件服装的平面展示图。款式图适用于工业化生产的需要，是对服装画的辅助和补充说明。服装画展现的是设计师的风格和艺术表现力，而服装款式图则是按照正常的人体比例关系对服装进行说明，展示服装效果图被忽略的部分，是制板师进行纸样设计的依据。

熟练地掌握服装款式图的表现方法，对于今后的学习和实践，乃至毕业以后的就业都有极其重要的现实意义。因为，在服装企业的生产过程中，服装款式图是衔接设计与生产的重要环节，是一个设计师必备的最基本技能之一，有的设计方案可以没有效果图的演示，但不能没有平面图的表达。绘图者在绘制款式图的时候，要求对服装结构有充分的了解，比如服装省道、褶皱、结构线和装饰线等。款式图中不需要画出人体，但是服装的描绘必须符合人体的比例关系。

（一）服装款式图细节的绘制

1.领子与领口弧线

领口一般可以分为圆形、方形、V形、船形等造型，根据其宽窄和深浅有所不同。领子连接在领口之上，造型更加复杂多样，有立领、衬衫领、西装领、水军领、青果领等（图5-51）。

2. 翻领弧线

翻领弧线要保持上下平行，领口翻折线要画出轻微弧线。为表现领子翻折厚度，领口与颈部之间要适当留出空隙（图5-52）。

■ 图5-51　领子绘制

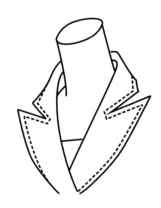

■ 图5-52　翻领弧线绘制

3. 肩部

肩部斜线要顺应肩膀的弧度，袖窿处袖子要圆顺下垂（图5-53）。

4. 衣身和袖子

袖子与衣身连接的线条叫做袖窿线，呈圆弧形；袖口处的拼接叫做袖克夫，袖口分为开衩和不开衩两种样式，必须在背视图中表现出来。袖子弧度最大的地方一般在腰围线附近，也就是袖肘处。而合体的袖子，可以在腰围线附近与衣身间留出空隙（图5-54）。

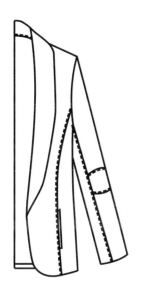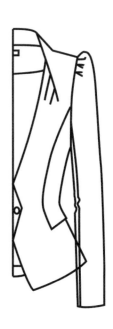

■ 图5-53　肩部绘制

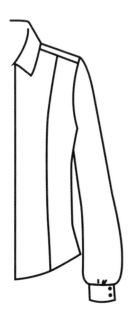

■ 图5-54　衣身和袖子绘制

5. 门襟

服装的开襟是为服装的穿脱方便而设在服装上的一种结构形式，服装的开襟形式多种多样。

开襟按对接方式可分为对合襟、对称门襟、非对称门襟。对合襟是没有叠门的开襟形式，对称门襟及非对称门襟，门襟一般是有叠门的，分左右两襟，锁扣眼的一边称大襟（门襟），钉扣子的一边称里襟，门里襟重叠的部分称叠门，叠门的大小一般在1.7～8cm之间，它的取值受服装的品种、面料的厚薄及钮扣大小的影响。

开襟根据叠门的多少有单叠门和双叠门之分。单排钮扣称单叠门，其叠门大小通常在1.7～2.5cm之间，单叠门又有明门襟和暗门襟之分，正面能看到钮扣的称为明门襟，钮扣缝在衣片夹层上的称为暗门襟；双排钮扣称为双叠门，其叠门量一般在8cm左右。

开襟按线条类型可分为直线襟、斜线襟和曲线襟等；开襟按长度可分为半开襟和全开襟，如套衫大都是半开襟或开至衣长的1/3；开襟按部位可分为前身开襟、后身开襟、肩部开襟及腋下开襟等。

在绘制门襟时要注意画出搭门的宽度和重叠量，领口要对准前中心线（图5-55）。

6. 袖肘

袖肘处的转折注意面料的厚度，可以用适量的弧线表现面料的柔软（图5-56）。

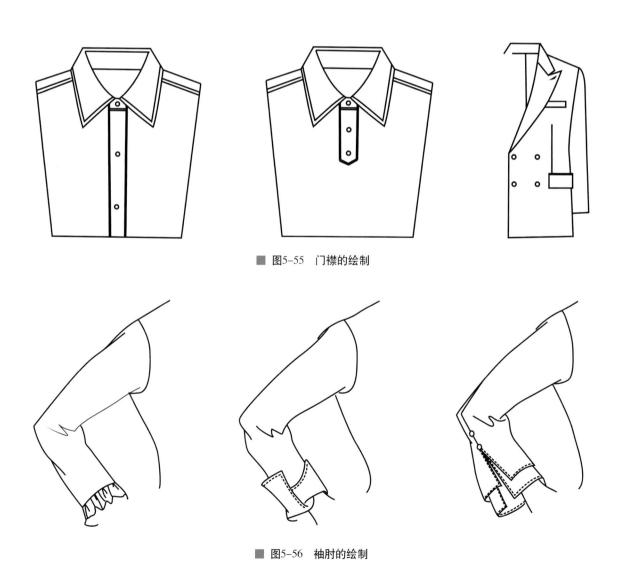

■ 图5-55　门襟的绘制

■ 图5-56　袖肘的绘制

7. 开衩

用翻折形式表示开衩的位置和大小（图5-57）。

8. 扣子

扣子的大小要一致，摆放位置要放在前中心线上（图5-58）。

9. 拉链

注意不同拉链的画法（图5-59）。

10. 裤子

可以用适量弧线表示臀部的曲线，同时注意前裆和后裆处的表现方法以及裤脚处的透视变化。（图5-60）。

11. 裙子下摆

注意裙子褶皱的画法（图5-61）。

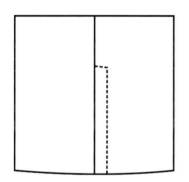 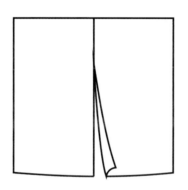 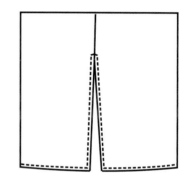

■ 图5-57　衩的绘制

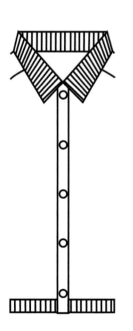 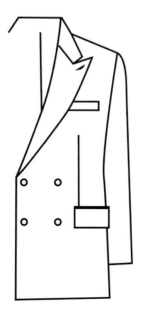 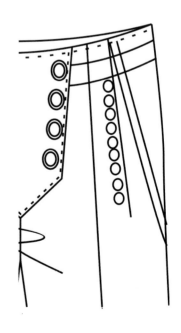

■ 图5-58　扣子绘制

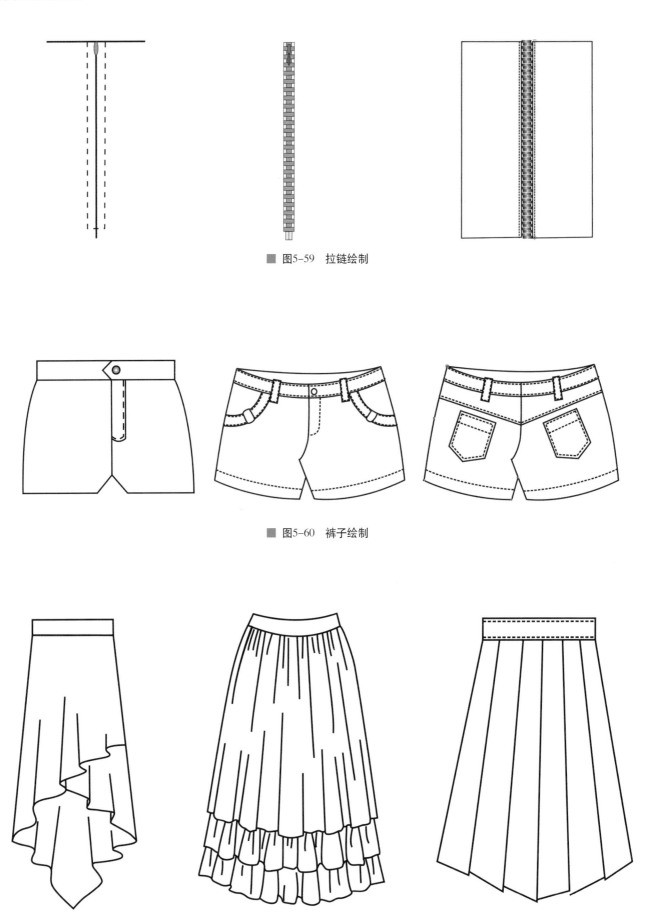

■ 图5-59 拉链绘制

■ 图5-60 裤子绘制

■ 图5-61 裙摆绘制

（二）服装款式图整体绘制方法

款式图的绘制方法是先用铅笔画出前中心线，并确定服装的比例与廓型，然后进行细节的描绘，最后用绘图笔勾线。

1. 上装

上装主要是指覆盖在人体上身的服装。上装有背心、吊带衫、衬衫、西装和茄克等，品类繁多。

上装大多有一些口袋和袋盖，也有许多钮扣、拉链和扣眼等。在肩部和下摆等部位也常有拼接，称为肩克夫和腰克夫。

上装表面的结构分割比较复杂，由此而产生的线条就会很多，如果有明缉线，也要表现出来，而且属于拼贴和装饰的造型都必须清楚说明。上装的表现是掌握服装款式图的基础（图5-62）。

图5-62 上装款式图

2. 下装

下装是覆盖人体下身的服装，下装有裙子、裤子和裙裤等品类。下装的腰宽与臀宽的比例约为3:4，臀围线以下的变化可以相对自由一些。裙子的结构变化是下装中最丰富的一类品种。

裙子和裙裤的外形有A形、直筒形和收身形三个基本造型，关键在于臀围与摆围宽度的比较。

裙子和裙裤可以有腰头，也可以没有；裙子有碎褶裙、百褶裙、多层裙、荷叶裙、波浪裙等许多样式；而将裙子分成两条裤腿的就是裙裤。

裤子从外形上看主要有萝卜形、直筒形、灯笼形和喇叭形等。而从裤子的长度来看又有热裤、短裤、中裤、七分裤、九分裤和长裤等。再从样式上看，有正装的西裤、裙裤，也有休闲的各类裤子。裤子

可有腰头，也可以无腰，或称低腰。表面上多有口袋，如插袋、贴袋、风琴袋等，也有袋盖、腰襻和门襟（图5-63）。

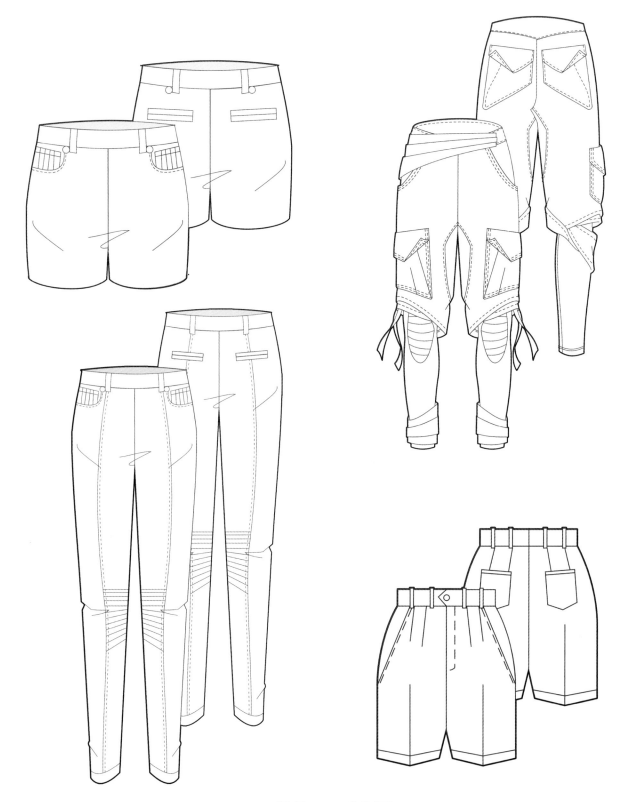

■ 图5-63　下装款式图

3. 连衣裙

连衣裙是女装中上下连体的服装类型，在夏装中尤为常见。连衣裙的变化非常丰富，相当于上装与下装的不同组合。所以，在了解了上装、下装的表现规律以后，再来表现连衣裙就容易很多。

连衣裙的腰节线高低的变化是设计表现的关键之一，有自然腰节、低腰节、高腰节等，也有省式腰节等其他类型。连衣裙的领口、吊带、袖子和下摆等也是各种变化的设计所在，如有领式和无领式，有袖式和无袖式，背心式和吊带式等（图5-64）。

■ 图5-64　连衣裙款式图

4. 外套

这里的外套主要针对风衣和大衣。外套可以分为短、中、长三大类。其中风衣是男女服装中常见的类型之一，结构复杂，尤以各种覆势和带攀为特点，加之金属配件，所以款式图显得相当繁复。

风衣相对于大衣来说，在表面结构上的变化则要少一些，因为大衣往往由羊毛、驼毛等厚实纤维的面料制成，加之尺寸与结构上较宽松，所以其廓型也显得大于普通上装（图5-65）。

■ 图5-65 外套款式图

（三）服装款式图图例（图5-66~图5-70）

■ 图5-67　服装款式图图例2

■ 图5-68 服装款式图图例3

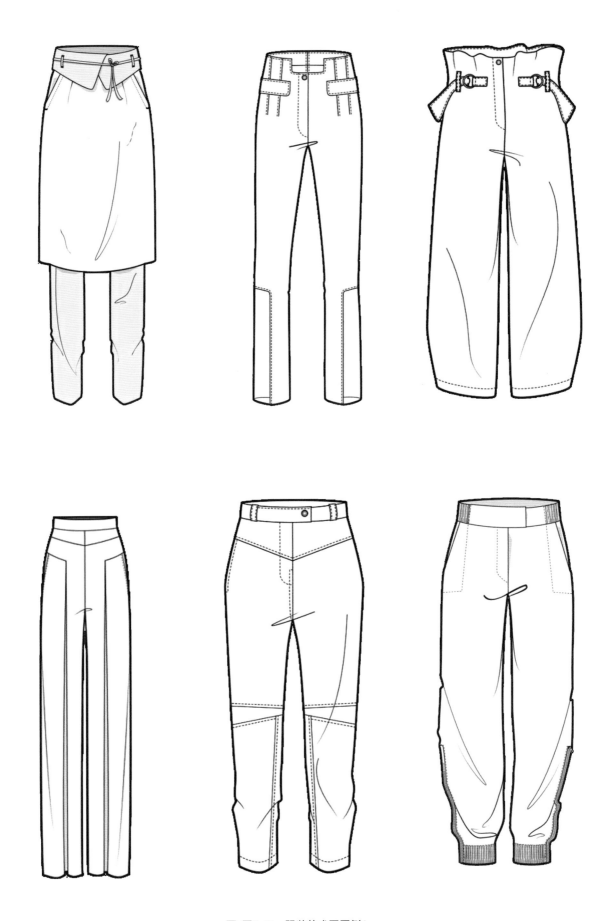

■ 图5-69　服装款式图图例4

■ 图5-71　非常规时装画拼贴类

■ 图5-72　非常规服装画

■ 图5-73　非常规服装画珠片拼贴

三、非常规服装画绘制

服装画是一门艺术，它是服装设计的专业基础之一，是衔接服装设计师与工艺师、消费者的桥梁。服装画表现的主体是服装。

服装画绘制的手法应该是多元化的，不应只局限于用单一材料来表达，而应该发挥自己的想象力，为了达到自己期望的效果可尝试用多种方法进行绘制，比如用报纸拼贴、颜料喷绘，甚至还可以利用蔬菜拼贴、干花拼贴等各种材料和工艺手段来绘制服装画。不要限制自己的思维，应充分发挥人们的主观能动性来完成一幅充满创意的服装画作（图5-71~5-73）。

（一）杂志拼贴

从杂志或者报纸上剪下一些颜色鲜艳的纸片来贴在你的服装画上，为你的服装画增添亮点（图5-74）。

（二）颜料喷绘

先把线稿绘制好，然后用留白剂把不用着色的部分先填满，之后用你所需的颜料对你的服装画进行喷绘，最后去掉留白剂你的服装画就完成了（图5-75）。

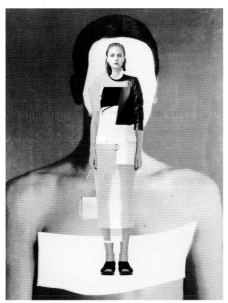

■ 图5-74　杂志拼贴

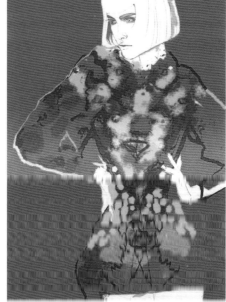

■ 图5-75　颜料喷绘

（三）蔬菜、干花的拼贴

　　利用蔬菜、干花的形状对你的服装画进行拼贴，会有意想不到的效果（图5-76）。

（四）剪纸拼贴

　　先在纸上设计好服装的大致轮廓和花纹，然后用刻刀进行镂空，还可以按照自己的喜好添上一些颜色
（如图5-77）。

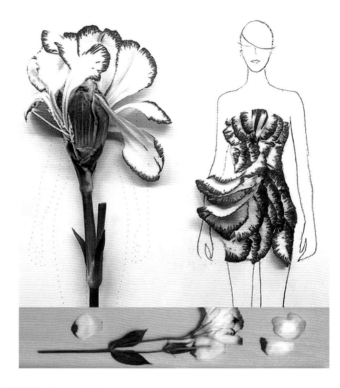

图5-76　花瓣拼贴（Grace Ciao）

图5-77　剪纸拼贴

（五）刺绣服装画

　　利用局部刺绣手法来创作服装画，会使画面更加别致立体（图5-78）。

■ 图5-78　刺绣服装画

（六）布料拼贴

利用平时收集的花布来创作服装画，布料根据自己所需要的服装效果图风格来选择，可以用纱、碎化布米拼贴出自己所需要的服装效果图（图5-79、图5-80）。

■ 图5-79　布料拼贴服装画（Gina Atkinson）

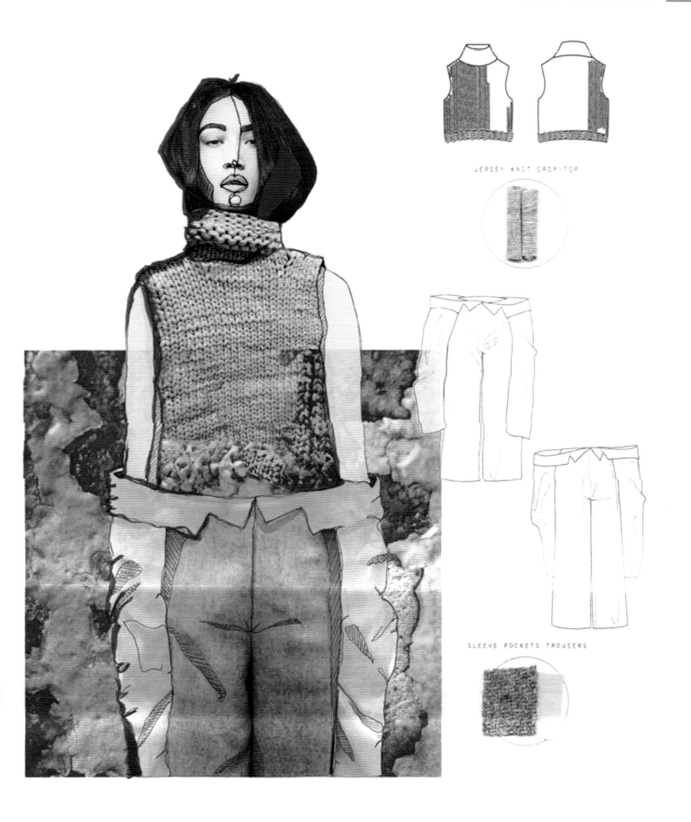

JERSEY KNIT CROP-TOP

SLEEVE POCKETS TROUSERS

图5-80　布料拼贴服装画（Valentina Desideri）

（七）混合材料拼贴法

使用多种材料来进行创作服装画，可发挥创作力，让自己的服装画变得与众不同（图5 81）。

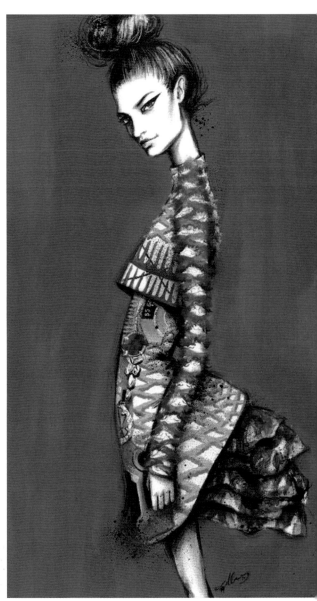

■ 图5-81　混合材质拼贴服装画Katie Rodgers左，Kartantzou右

第六章　电脑服装画绘制技巧

　　随着科学技术的发展，计算机越来越普遍地应用在各行各业中，给各行业带来了革命性的变化。而作为传统手工业的服装产业，也在这场变革的影响下迎来了新的发展空间，一种新的设计方式——电脑服装设计图应运而生。

　　电脑拥有庞大的资料库，可以按照指令调出这些资料进行变形、复制、设计、存储、打印，从而来达到设计者想要的效果。比如，计算机系统的图形处理软件，可以让同一款式图案变化出不同的效果。在设计过程中可以通过各种输入设备从外部调入所需图像，也可以将电脑中的设计图通过输出设备打印出来，既方便又灵活，更能充分发挥设计师的创作表现，大大地提高了设计效率。

一、软件简介

电脑绘图软件由于其灵活的图层、颜色、通道功能，再加上各种特殊滤镜效果，以及对种类繁多的图形、图像文件的支持，是服装设计师进行设计创作、收集资料、推广宣传必不可少的工具之一。采用绘图软件绘制服装人体，无论是从颜色的选择上还是从修改方面，都能够方便快捷地达到所需要的效果。

（一）Painter软件简介

Painter，意为"画家"，是由加拿大著名的图形图像类软件开发公司Corel公司开发的，用Painter为其图形处理软件命名真可谓是名至实归。与Photoshop相似，Painter也是基于像素处理的图像处理软件。

在图像艺术领域，Painter 拥有油画、油彩、水彩画、粉笔画和镶嵌工艺等艺术工具。用这些工具创作出来的图像效果与传统手绘作品的效果无异。

而Painter独创的纸纹材质功能允许用户在一幅作品中的不同区域运用不同的纸纹肌理来丰富视觉效果，这是传统媒介望尘莫及的。除了软件自带的笔刷和材质以外，Painter允许用户自行定义笔刷和材质，这极大地拓宽了创作的自由度。

Painter的界面布局：当启动软件打开一张图像就会出现如图6-1所示的界面，图6-2所示两个面板分别是Painter的取色面板和图层面板。它们的使用方法与Photoshop的取色面板和图层面板的使用方法也十分相似，是非常大众化的布局方式。

① 工具箱：上半部分包含了画笔、图层调整、矩形选区、套索、魔棒、裁剪、钢笔、快速曲线等工具，共24种，涉及了软件的各个部分的功能。在工具箱的下半部分则提供了主要色与次要色，以及纸纹、图案、渐变、织物、图案笔等绘画用工具和材料的选择（图6-3、图6-4）。

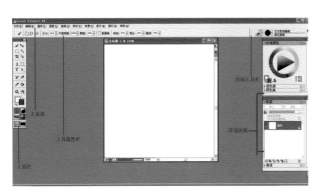

■ 图6-1　Painter界面布局

■ 图6-2　取色和图层面板

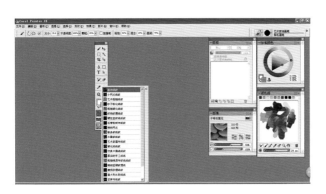

■ 图6-3　工具箱

■ 图6-4　纸纹与图案

② 浮动面板：控制颜色、图层、文字、渐变、图案等部分的调整，是软件中的很重要的组成部分（图6-5）。

③ 画笔选择栏和属性栏：画笔选择栏主要是用来选择不同画笔和画笔的变体，是Painter最重要和最具特色的部分。Painter中有几十种画笔和几百种画笔变体。每种画笔或者每种工具箱里的工具都有自己的属性，而且工具属性栏就是对工具箱的各个工具的属性进行调整的，选择不同的工具，工具属性栏都会发生相应的变化（图6-6）。

④ 笔刷工具：首先在工具面板中选择笔刷工具（第一个图标）。在位于界面右上方的笔刷选择窗口中单击第一个小窗口的箭头，即可弹出笔刷选择的下拉菜单（图6-7左）。在这个菜单里面，你可以找到Painter所有的笔刷。选定合适的笔刷之后，再单击第二个小窗口的箭头，在弹出的菜单中可以选择相应笔刷的变体（图6-7）。

（二）Photoshop软件简介

Adobe Photoshop，简称"PS"或Photoshop，是由Adobe Systems开发和发行的图像处理软件，主要处理以像素所构成的数字图像。使用其众多的编修与绘图工具，可以有效地进行图片编辑工作。Photoshop有很多功能，在图像、图形、文字、视频等各方面都有涉及。Photoshop的界面布局（图6-8）。

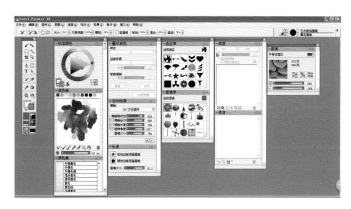

■ 图6-5　浮动面板

■ 图6-6　画笔选择栏和属性栏

■ 图6-7　笔刷工具下拉菜单

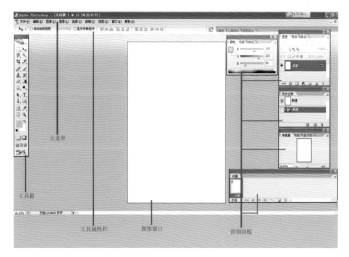

■ 图6-8　Photoshop界面

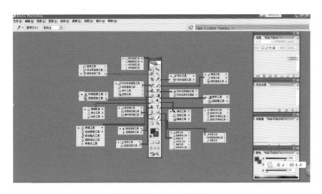

■ 图6-9　工具箱

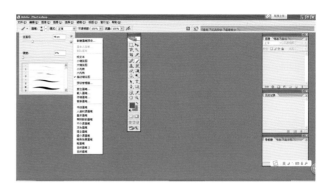

■ 图6-10　工具属性栏

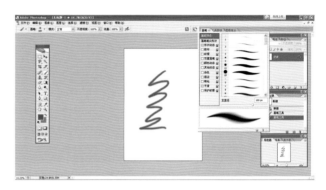

■ 图6-11　画笔的动态

① 工具箱：Photoshop的工具箱中包含了多种工具，可分为选取制作工具、绘画工具、修饰工具、颜色设置工具以及显示控制工具几类，如果要使用某种工具，直接点击即可（图6-9）。

② 工具属性栏：选择某个工具后，系统将在工具属性栏上显示该工具的相应参数（图6-10）。

③ 画笔的动态形态：在画笔预设工具面板上，点击选择动态形状，调节相应的参数，可使所画笔触有仿真画笔的效果，配合压感笔的应用，所画出来的笔触有粗细的变化（图6-11）。

④ 双重画笔的应用：双重画笔就是把两种笔刷复合起来，分别选择不同的画笔，分别调节各项参数，选择不同的混合模式，可以使预设的笔刷千变万化（图6-12）。

⑤ 画笔的动态颜色：在画笔预设面板上，点击选择动态颜色，调节相应参数，可以使画笔所画的笔触有色相、饱和度、亮度、纯度的变化（图6-13）。

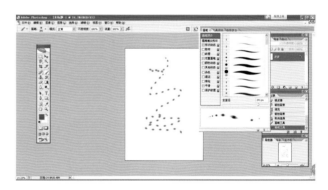

■ 图6-12　双重画笔动态

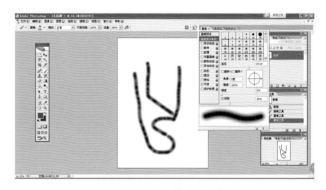

■ 图6-13　画笔动态颜色

二、服装画主体绘制

①首先，运行Painter新建一个空白文件。新建一个图层，命名为"草稿"。使用Pencils/2B Pencil快速勾勒出人体动势（图6-14、图6-15）。

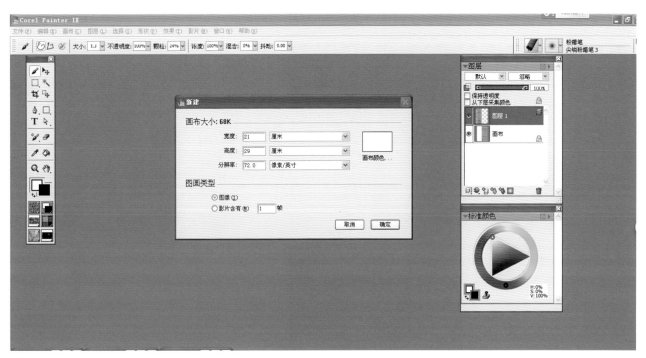

■ 图6-14　新建文件

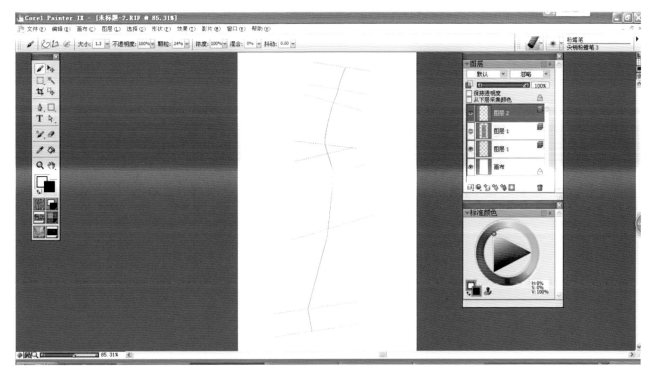

■ 图6-15　人体动势

② 线稿的绘制

a. 把"草稿"图层的不透明度降低。用Ctrl+N组合键或者点击菜单栏中的File→NEW都会跳出新建文件对话框。新建一个如图6-16所示的空白文件（图6-16）。

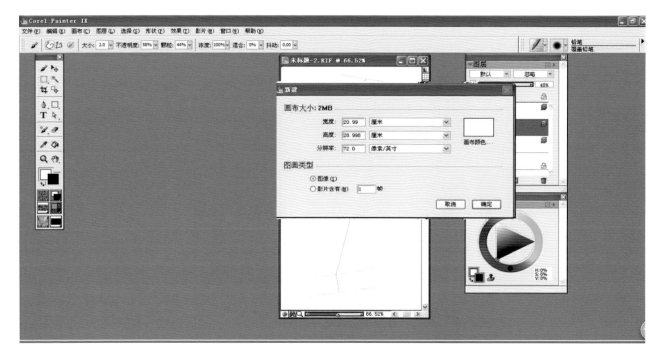

■ 图6-16 新建文件

b. 点击Layers(图层)面板上的新建按钮，新建一个图层，双击图层会跳出图层属性对话框，在图层名称栏里命名为"线稿"。选择Pencils/2B Pencil（铅笔），变体为Cover Pencil（覆盖铅笔），在属性栏里选择相应参数，在线稿层里画出铅笔线稿，画出大体的动态和比例关系（图6-17、图6-18）。

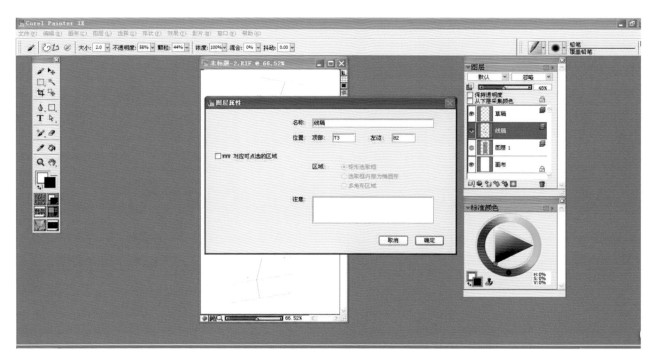

■ 图6-17 新建文件

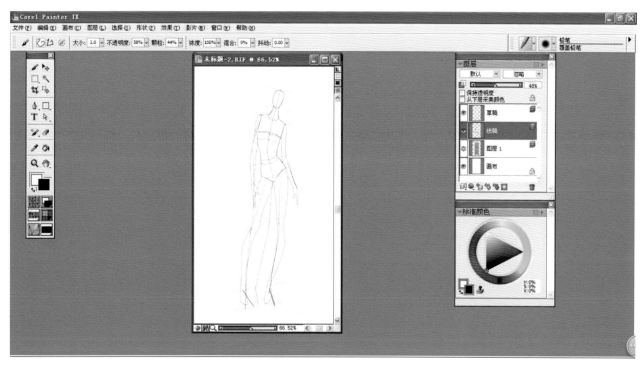

■ 图6-18　人体动态绘制

　　c. 继续用铅笔工具刻画，画错的地方可以用Eraser(橡皮)工具擦除，反复修改直到线稿画准确（图 6-19）。

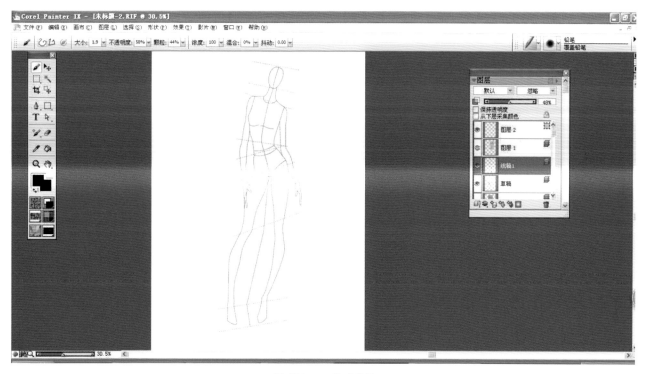

■ 图6-19　修改线稿

d. 在"线稿"图层上面新建一个图层命名为"线稿1"，先把"线稿"图层的透明度降低。数据越大，透明度越高，反之，则透明度越低。然后就可以在"线稿1"图层上画出服装画正式的线稿了。下笔时要注意线条细微的轻重变化（图6-20）。

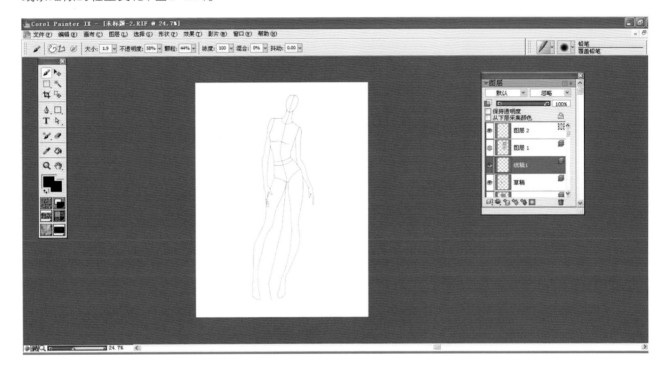

■ 图6-20 调节线稿透明度

e. 在画完"线稿1"图层之后，选中"线稿"图层，点击Layers面板下的垃圾箱工具的标识，删掉该图层，并且把"线稿1"图层改为"线稿"图层。这样在Painter软件画的线稿就算完成了。根据"草稿"图层的草图进行正式线稿的描绘（图6-21）。

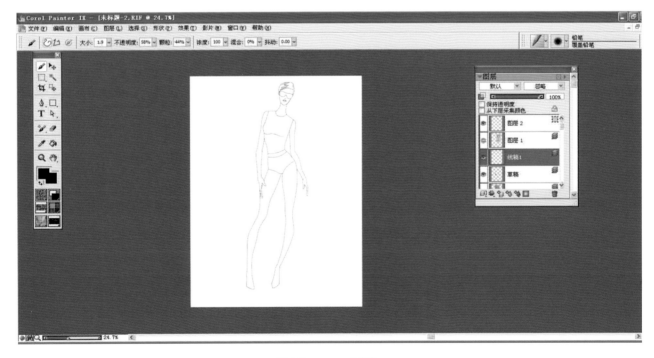

■ 图6-21 正式线稿

③ 皮肤的绘制

a.线稿画好之后，就可以进入到上色的步骤。新建一个图层，命名为"皮肤"，并使之浮动在"线稿"层之下。在这一层中用Tinting(染色笔)Soft Grainy Round(柔顺颗粒圆笔)为皮肤上色。在上色的过程中，可以大胆的运笔，按照人体的结构层上色，不要担心画在线外（图6-22、图6-23）。

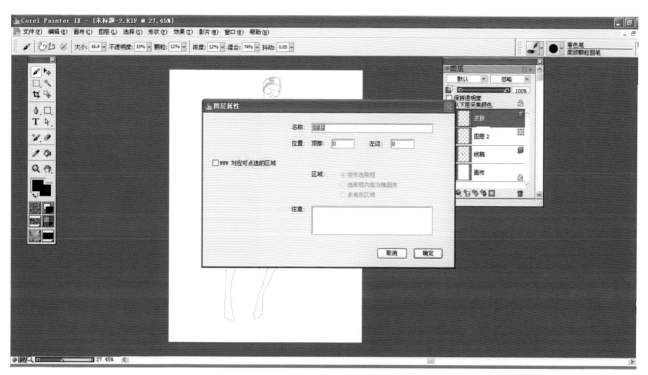

图6-22　新建皮肤层

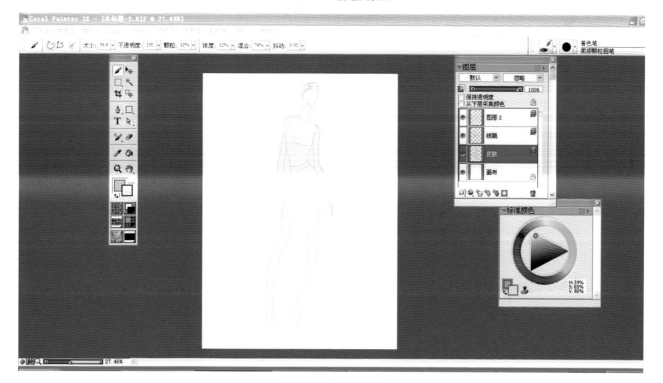

图6-23　绘制肤色

b. 在"皮肤"层里，继续用Tinting笔绘制，在绘制过程中注意配合Detail Blender5（细节调和笔5号）的使用。两种笔交替使用，可刻画出柔和的皮肤效果（图6-24）。

▓ 图6-24　绘制皮肤阴影

c. 继续运用两种笔刷深入刻画，注意人体皮肤是光滑细腻的。但是在有些表现结构的地方可以适当保留笔触感，使画面的效果自然。选择Eraser(橡皮)工具把画在线稿外的颜色擦除。在绘制过程中，注意眼睛、脸颊和嘴唇的颜色变化，使之有画过妆的感觉，人物会更加生动（图6-25）。

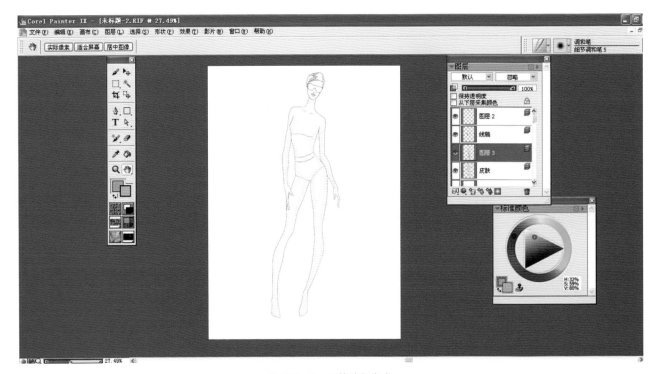

▓ 图6-25　最终肤色完成

　　d. 在"皮肤"层里，继续用Soft Airbrush 20喷笔工具深入刻画，画出人体皮肤的明暗，配合调和笔，使画面更加细腻（图6-26）。

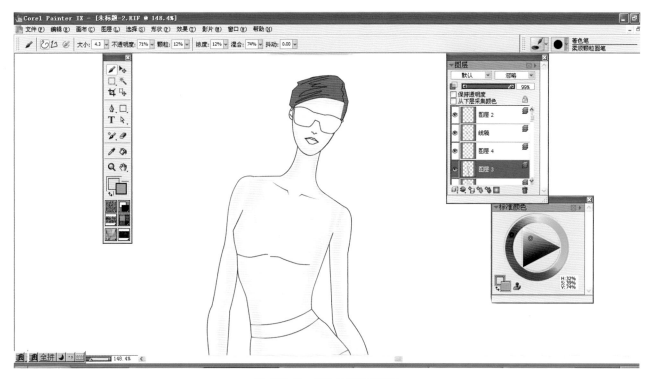

■ 图6-26　深入绘制皮肤明暗

　　也可以选择工具面板上的加深减淡工具，调整笔刷的大小和曝光度的大小，配合Alt键的使用，画出明暗关系，使明暗关系更加协调。加深减淡工具省去了画笔需要调色的麻烦，简单实用（图6-27）。

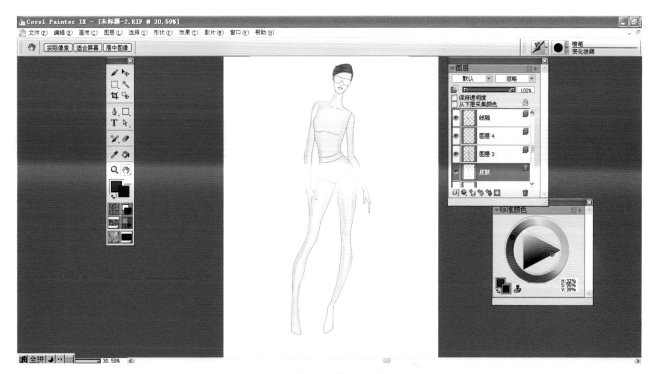

■ 图6-27　深入刻画皮肤

107

④ 头发的绘制

新建一个图层，命名为"头发"。选择Eraser工具在"皮肤"层里擦出头发的发梢部位，然后回到"头发"层里，选择Chalk（粉笔）工具，变体选Tapered Artist Chalk（锥形艺术家粉笔10号），在头发的边缘画出头发的受光面和反光面。

也可以选择工具面板上的加深减淡工具，调整笔刷的大小和曝光度的大小，配合Alt键的使用，在皮肤层上加深暗部提升亮部亮度，加深人体的立体感。用画笔工具画出嘴部的颜色和眼睛的颜色，再用加深工具和减淡工具画出明暗关系（图6-28）。

三、快速便捷的材质贴图技法

在服装效果图绘图软件中，服装的图案和面料可以用不同的方法来绘制，会达到各种意想不到的效果。它可以超现实的去表现真人、真衣、真物，还能随心所欲地制作出各种虚幻意境、特殊效果的设计图。所以在本节中，将着重介绍如何通过软件来快速绘制服装的图案和面料效果。

（一）图案的绘制

① 在Layers面板上新建一个图层，在这一层里我们来画连衣裙的明暗关系。首先选一个灰色调，用Soft Charcoal Pencil 5（软炭铅笔5号）并调整笔刷大小和不透明度，像画素描一样画出裙子的大概明暗关系（图6-29、图6-30）。

① 继续用软炭铅笔工具深入刻画，在画的时候可以大胆一点，不要担心画出线外，橡皮擦工具会帮你收拾残局。同时配合 Charcoal（炭笔）工具来刻画，因为Charcoal（炭笔）工具可以较好地反映出纸纹的颗粒感，使画面不至于太腻（图6-31）。

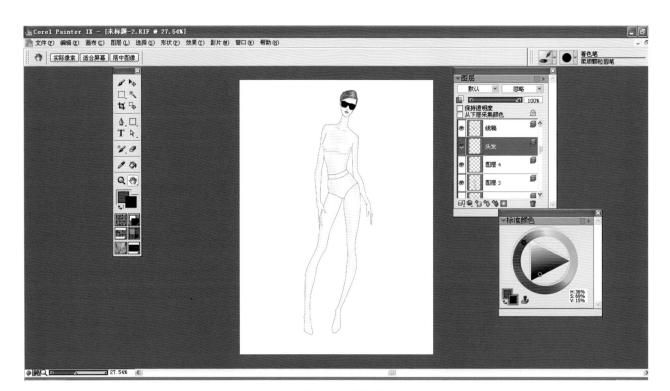

■ 图6-28 头发绘制

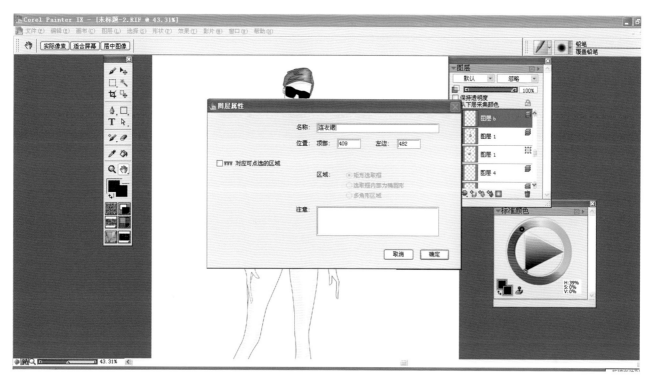

图6-29 新建图层

图6-30 绘制裙子明暗关系

■ 图6-31　擦除多余颜色

② 继续用 Charcoal（炭笔）深入刻画，注意要刻画出衣纹的明暗和自然悬垂的效果。运用Photo（照相笔）工具，变体选Add Grain（添加颗粒），在画面上过于细腻的部位加上颗粒，使炭画笔的效果更明显。同时运用橡皮工具擦除高光和反光，这样连衣裙部位的明暗关系就画好了（图6-32）。

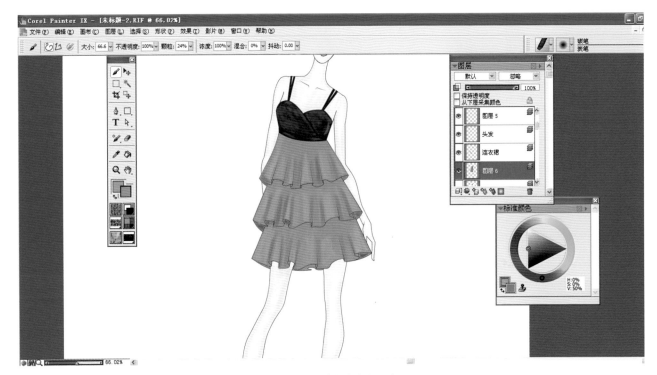

■ 图6-32　绘制高光和反光

③ 在画好之后，用橡皮擦工具擦去多余的画在线外的颜色，再用较大的笔刷把人物部位的颜色擦除，并加强亮度对比，使画面看上去不那么呆板，也使整个画面显得更加和谐（图6-33）。

图6-33 加强对比度

④ 打开一个事先选好的花布面料文件，用矩形选取工具沿着辅助线画一个选区，注意此选区一定要是印花面料四方连续纹样中的一个单独纹样。用组合键【Ctrl+9】调出图案面板，点击图案面板上的隐藏菜单Capture Pattern(捕捉图案)，来捕获选区中的图案，命名为"花布"（图6-34）。

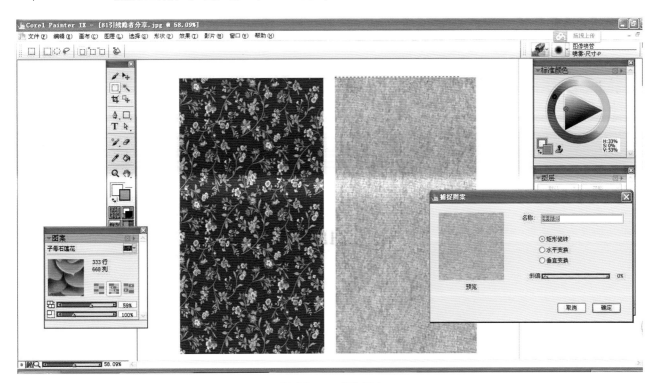

图6-34 选取图案

111

⑤ 在Layers面板上点击新建按钮，新建一个图层，命名为"面料"。运用套索工具，并选中选取工具属性栏上的加入到选区按钮，这样就可以沿着裙子部分自由地画出选区。在Painter中，用选取工具勾画选区时，也可以配合【Shift】键和【Alt】键来加入选区和减去选区（图6-35）。

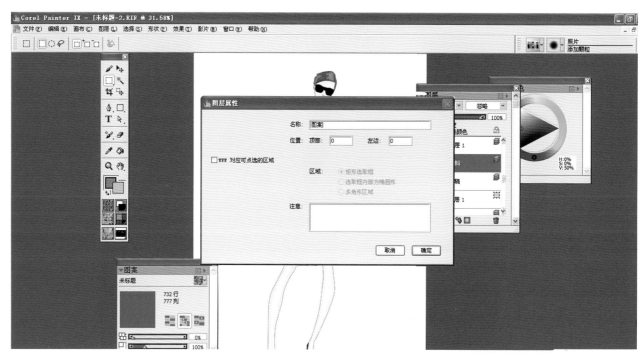

图6-35　新建面料图层

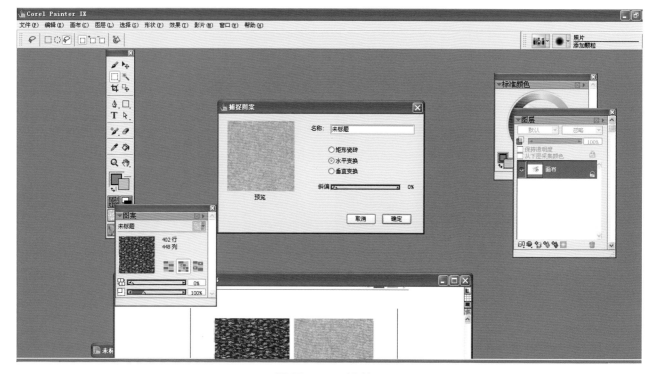

图6-36　面料选择

⑥ 在保证"面料"层为当前工作层的前提下，用【Ctrl+9】键调出图案面板，在下拉缩略图中找到刚才定义的"花布"图案，用组合键【Ctrl+F】调出填充对话框，选择Fill With中的Pattern（图案填充），点击OK按钮，就完成了花布图案对选区部位的填充（图6-37）。

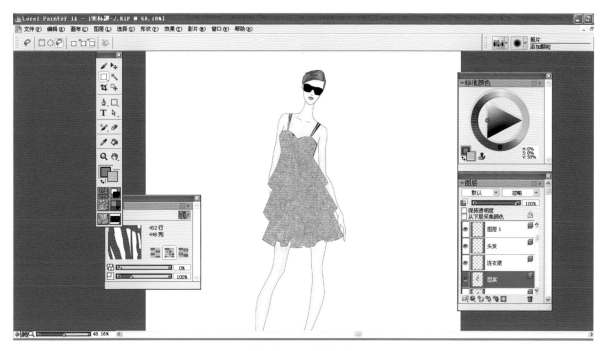

图6-37 填充图案

⑦ 填充完之后，画面上变成了一个印花面料的连衣裙。但是它是平面的，接下来我们利用图案模式混合更改的方法来把前面所画的明暗关系反映到面料上去。选中"面料"层为当前的工作层，点击Layers面板上的左上角的下拉菜单，选择Overlay（叠加）模式，这样"裙子"层的明暗关系便反映到"面料"层上来了。在"面料"层里，用Colorizer(着色)的Photo（照相笔）工具给连衣裙的反光面加上绿色，使画面更加丰富（图6-38）。

图6-38 叠加模式

113

（二）在Photoshop中面料的更换

① 在Photoshop中，打开一个花布面料文件，注意花布面料文件尺寸要不小于时装画文件。用组合键【Ctrl+A】对其全部选中，然后用组合键【Ctrl+C】对选区进行拷贝（图6-39）。

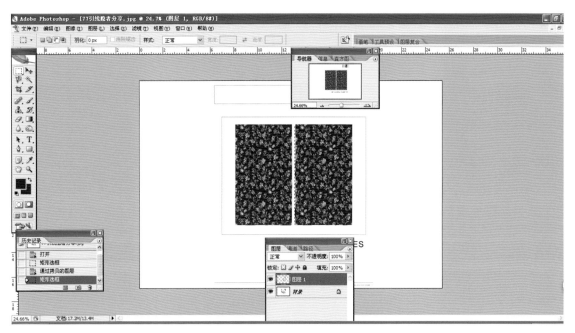

■ 图6-39　选择图案

② 回到时装画文件中，按住【Ctrl】键点击图层面板上的"面料"层，会自动载入该层的选区，用组合键【Ctrl+Shift+V】或点击菜单栏中的编辑、粘贴，把刚才复制的面料粘贴入选区中，系统会自动生成带蒙板的新图层。用组合键【Ctrl+T】对粘贴的面料进行自由更换，变换合适的大小以适合连衣裙的需要（图6-40）。

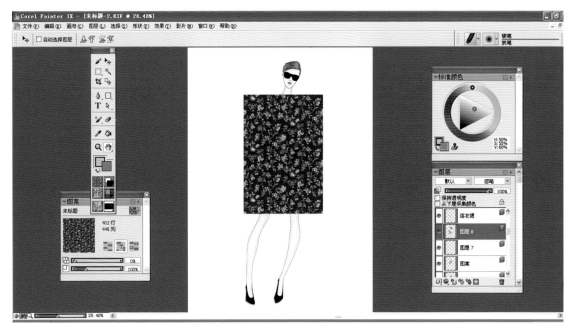

■ 图6-40　把面料载入选区

③ 点击菜单栏中的图层、移去图层蒙版、应用，把图层蒙版移去，关掉"面料"层的眼睛，使原来的面料层不可见，把新的图层模式选择为叠加，这样，裙子层上的炭笔所画的明暗关系就反映到这一层上了（图6-41、图6-42）。

图6-41　图案填充

图6-42　叠加模式

④ 调整新图层的色相、饱和度，并把裙身亮面和暗面的颜色进行调整，使画面丰富化，这样同一款式不同面料的服装画便产生了（图6-43、图6-44）。

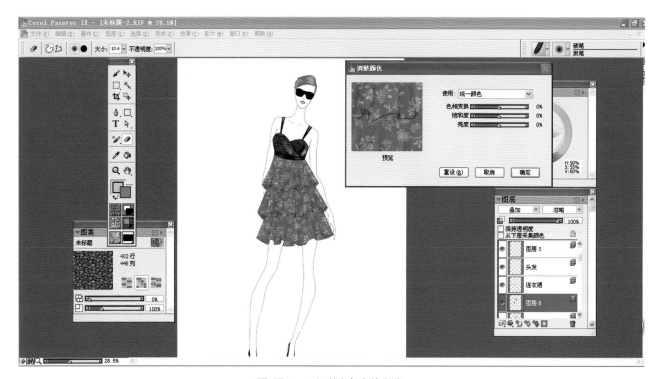

图6-43　调整色相和饱和度

图6-44　调整明暗关系

四、背景的选取技巧

服装画的背景能够起到烘托整个画面效果的作用，所以适当的在服装画上添加背景对服装画来说如虎添翼。而电脑绘图软件在服装画的背景表现上没有像传统手绘那样受到材料限制，所以我们要熟练掌握电脑软件在服装画背景方面的处理技巧。因为服装画绘图软件的强大功能使我们的创作才能得到了更大的发挥，无论背景的简洁、还是繁密，无论颜色的深、还是浅，都可以更方便快捷地完成，所以只要掌握好技巧，充分运用软件的功能，就会有更加自如和广阔的发挥空间。

（一）技巧一

① 在服装画中，为了更好的表现主体人物，很多设计师喜欢画背景。建一个"遮罩"层，使"遮罩"层浮于"背景"层上，用套索工具沿着人物的外轮廓画出选区，在"遮罩"层里用纯白色填充，起到遮住背景颜色的作用（图6-45、图6-46）。

② 在"背景"层上，选择Oil Pastels（油性色粉笔），变体选择Soft Oil Pastel 10（软油性色粉笔10号），变化不同颜色来随意涂鸦，因为有"遮罩"层把它挡住，随你怎么画都不会透到衣服上（图6-47）。

（二）技巧二

回到Painter中，选择Image Hose（图像水管）工具，变体选择Spray-Size-P（喷雾角度），分别调整笔刷的大小和不透明度来画出背景图案。用组合键【Ctrl+Shift+A】调出Adjust Color对话框，调整背景的色相饱和度，使背景与主画面的颜色相协调。用Erasers工具，变体选择Tapered Darkener 20，加深人物边缘的背景颜色，以更好地衬托人物，从而完成时装画的绘制（图6-48）。

（三）技巧三

① 在Layers面板上新建图层命名为"背景"，同时关掉除"线稿"层外其他图层的眼睛，选择Image Hose（图像水管）工具，变体选择Spray

■ 图6-45　建遮罩层

Angle（喷雾角度），在Nozzle（喷嘴）下拉列表中选择Gardenias（栀子花），（栀子花）是自定的，可以换成其他的图案。在"背景"层上画出栀子花的背景。注意调整属性栏上的笔刷大小和不透明度，使所画的背景花卉图案有大小虚实变化，富有空间感。最后用Eraser（橡皮）擦除线稿内的颜色，以保证在线稿内没有背景颜色透到服装上来（图6-49、图6-50）。

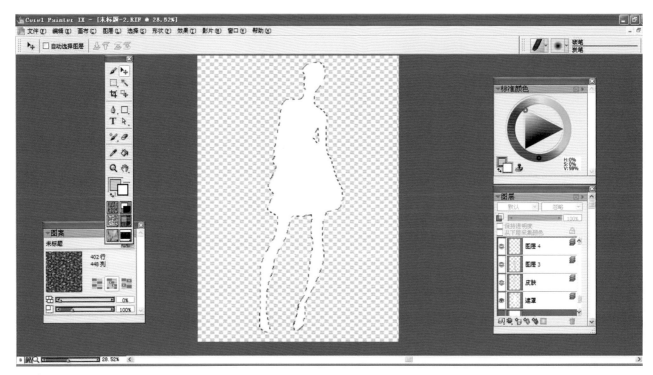

■ 图6-46　套锁工具选出选区

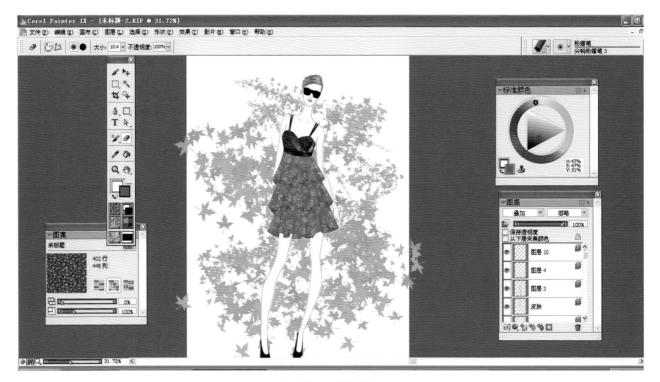

■ 图6-47　绘制背景

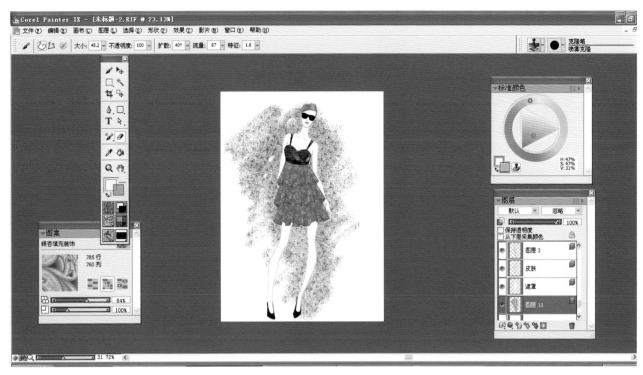

图6-48 绘制背景

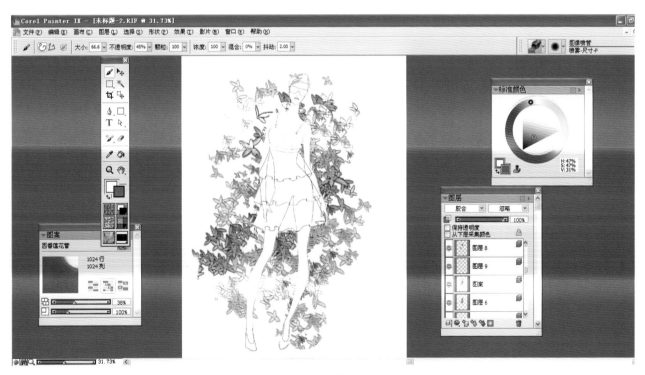

图6-49 绘制背景

② 回到Painter中，选中"背景"层，打开Papers（纸纹）面板，在下拉列表中选择斜纹纸纹为当前工作用纸纹。点击菜单栏中的Effects-Surface Control-Apply Surface Texture（应用表面纹理），调出Apply Surface Texture对话框，调整对话框中的各项参数，完成背景的表面纹理应用。新建一个图层命名为"反光"，在这一层里用油性色粉笔在人物的边缘加上一些反光颜色，用来丰富画面的效果。最后再分层进行调整各层的颜色和亮度对比度，使画面看起来更和谐，完成整幅服装画的绘制（图6-51）。

■ 图6-50　调整背景

■ 图6-51　最终完成图

第七章　灵感与服装画创作

英国设计师保罗.史密斯曾说过："你可以在任何事物上获取灵感，如果你没有做到，那是因为你寻找的方式不对，因此你应该重新来过。"我们平时在设计服装的时候，经常会感到灵感匮乏，怎样寻找灵感成为了让设计师们头疼的问题。本章节将重点揭示如何寻找灵感，如何从视觉的角度来开发周围的世界，并将它运用到你的服装设计上面。

一、如何寻找灵感

任何事情都不是孤立存在的，都是互相联系的。我们经常会从具有特殊性的事物中寻找灵感，而经常忽略掉我们身边的事物，其实身边常见的事物往往是我们寻找灵感的源泉（图7-1~图7-4所示）。

图7-1 建筑灵感图1

图7-2 建筑灵感图2

■ 图7-3 线条灵感图

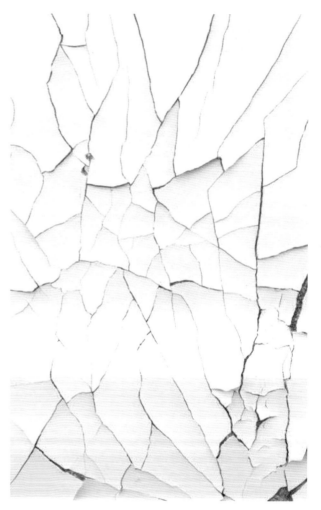

■ 图7-4 裂开的墙壁

比如一些废旧的报纸杂志可以作为一个不错的插画背景，老旧照片也可以给我们带来灵感（图7-5）。

当你真正敞开心扉去接触这个世界，你会发现生活中任何一个事物都可以触发你的灵感。如同艺术家一样，设计师也要不停地去寻找新的灵感。当你在一个地方感觉灵感枯竭的时候，你可以选择去旅行，去到一个新的环境来重新找寻灵感。可以去当地的博物馆、音乐厅了解当地的文化，品尝当地美食，体验各种文化间的差异，在体验了这些之后，你一定能从中获得灵感（图7-6、7-7图）。

■ 图7-5　报纸灵感图
（Artist: Loui Jover; Pen and Ink 2013 Drawing "birds"）

■ 图7-6　博物馆

图7-7 博物馆建筑

时刻关注最新的新闻、世界大事、电视电影发布的信息，从中获取灵感（图7-8）。

收集报纸、杂志、明信片也可以帮助你快速地找寻灵感，很多艺术家都是狂热的收藏爱好者，收集所有你感兴趣的东西，让它们成为你的灵感聚集地（图7-9）。

■ 图7-8 色彩灵感图
(ULTRAVIOLET JUNGLE SS2016 sources)

■ 图7-9 从杂志和明信片中获取灵感

寻找到灵感之后，需要快速地将其记录下来，可以用主题创意板的形式来记录。主题创意板是资料收集的一种视觉展示形式，我们可以把产品的灵感、色彩、主题、流行趋势、面料等放在板上进行展示，再配上一些简短的说明文字。这样可以比较完整地呈现我们的一个思维过程（图7–10）。

■ 图7–10 主题创意板

二、确定设计的主题

在开始进行创作之前，需要先确定一个明确的主题。设计的主题是创作的向导，它可以给你一个创作的方向，是开始创作时必不可少的一个环节。

如何确定设计主题是开始创作首先要解决的问题，对于艺术家和设计师们而言，如果在创作之初直面一页空白纸张是一件很恐怖的事情。从虚无的空气里获取新鲜创意是一个令人疲惫的事情。所以我们平时要积累必备的基础知识，因为基础知识是创造性思维的基础。

在积累了一定的基础知识后，你可以寻找一些你感兴趣的事物，比如中国的汉服文化、日本的和服都可以成为你的设计主题。世界上可以引发灵感的事物举不胜数，但是重要的是你要选择出真正可以激发你灵感的事物，并且在你进行设计时可以持续激发你的灵感（图7-11）。

■ 图7-11　确定主题（Monet La Japonaise）

在确定主题之后，就要开始对你所设计的事物进行调研分析，研究它在各个方面所发挥的作用。我们把与设计对象有关的单词——列举出来。这就像"头脑风暴法"，这样，这些相关的单词就可以激发新的创作灵感（图7-12）。

■ **图7-12　灵感墙**

三、服装效果图的确定

确定好设计主题后，开始绘制服装效果图。在绘制服装效果图之前需要确定效果图的比例和构图。然进行效果图的绘制。下面我们详细讲解下效果图的三大要素和服装效果图的构图。

（一）效果图的三大要素

在开始绘制服装效果图的时候，我们首先要掌握效果图的三大要素：

一是对服装人体的结构、比例、姿态等外形特征知识的掌握。效果图的人物造型应选用特定的姿态来表现，要注意人体与服装设计风格的统一协调关系，通常人体比例选用8~10个头长身高（图7-13）。

二是着重于服装的造型（长、方、角、圆等外形）（图7-14~图7-17）。

三是效果图形式的表达与技巧的运用，应选择自己较熟练、适合的工具材料。不同的工具可以表现不同的质感，也可以多种工具同时使用，突出服装质感的表现。

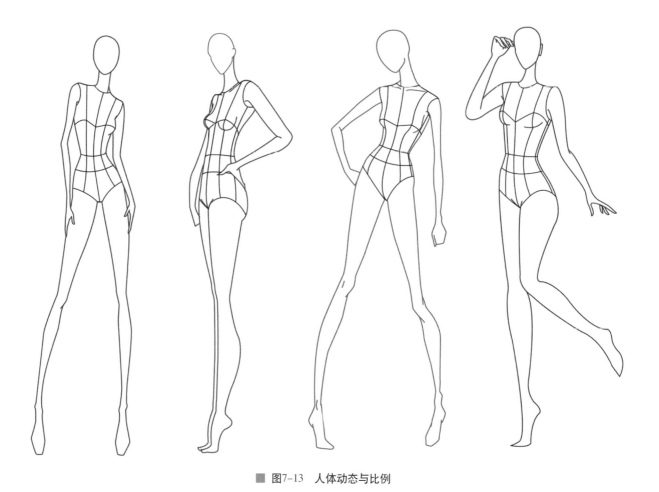

■ 图7-13　人体动态与比例

■ 图7-14　长型服装　　　　■ 图7-15　角型服装　　　　■ 图7-16　方型服装　　　　■ 图7-17　圆形服装

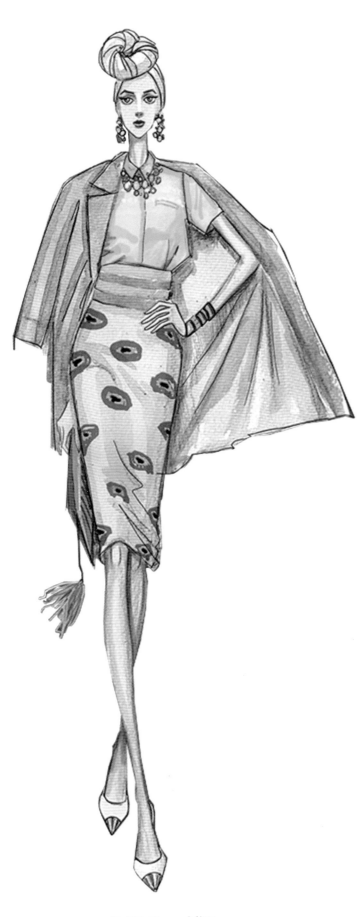

图7-18　一人构图

（二）服装效果图的构图

1. 横竖构图

一般1~3人时多采用竖构图，4人及4人以上则多采用横构图。

2. 一人构图

采用一人构图时，人体在画面上的大小要适当，注意画面虚实空间的处理（图7-18）。

3. 两人构图

当两人构图时，需要注意画面中两人的呼应关系（注意人体的大小、远近、动态的呼应关系），如图7-19所示。

4. 多人构图

采用多人构图时，要善于通过画面人体动态的一致性、协调性和组合方式进行表现，力求使画面疏密空间处理得当，具有一定的层次感，避免画面结构松散和零乱（图7-20）。

图7-19　两人构图

■ 图7-20　多人构图

■ 图8-1　作者：李正
整体画风非常豪放，用色
大胆、极具魅力，笔墨随
意挥洒，可以看出作者的
潇洒态度。

■ 图8-2 作者：李正
用水彩加墨水的双色水彩技法创造出自己的插画风格——淡淡的、轻快的和瞬间性的，一种女性情怀跃然纸上

編織・夢

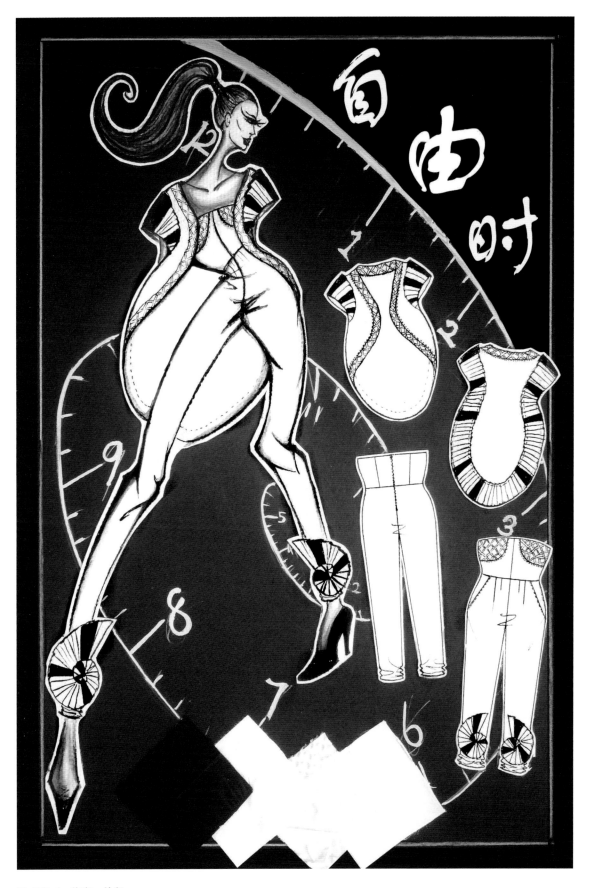

■ 图8-4　作者：徐舒
采用拼贴的艺术手法，把效果图和款式图放在比较暗的背景上，对比强烈，构图形式上比较自由，效果突出。

■ 图8-5 作者：徐舒

■ 图8-6 作者：李婧

以上两幅作品布局大胆，突破以往常规的布局形式，在多人构图上手法娴熟，作者不仅对服装细节进行了细致的刻画，还对背景做了特殊处理，体现出作者扎实的绘画功底与审美眼光。

137

《本·真》

■ 图8-7　作者：李婧

服装画系列图，水平构图，动态和谐统一，采用电脑与手绘相结合的形式，发型的潇洒和衣服的拘谨形成强烈对比，整体色彩和谐。

■ 图8-8　作者：卢博川

服装画系列图，人物构图前后穿插，动态变化丰富，肤色的平涂和背景的简单处理与服装的图案和肌理形成强烈的对比。

■ 图8-9 作者：卢博川
相同款式不同动态，充分显示出作者对人体动态的掌控能力，淡彩加马克笔的表现效果轻松随意，色彩的虚实变化处理都是画面成功的关键。

■ 图8-10 作者：随笑笑
整个画面色彩和谐，技法娴熟，手法轻松，运用水彩和水粉将衣服的毛与革的整个质感表现得淋漓尽致。

■ 图8-11 作者：插画家Esra Roise
作品既精致又率性。用铅笔将时髦女郎的美丽脸孔描绘得栩栩如生，所有的颜色不是匀净地涂抹在画面上，而是肆意泼墨挥洒，色彩的重叠晕染为衣料赋予了肌理和变化，晕染浸润的边缘又让整个画面充满了奇妙的流动感，带来梦幻唯美的视觉感受

■ 图8-12 作者：随笑笑
运用手绘与电脑软件相结合的形式表现服装画，服装、肤色和背景的色彩非常和谐，人体动态优美，服饰富丽优雅，具有强烈的装饰效果。

■ 图8-13 作者：徐冉
参赛效果图，现代派的表现风格，线条的穿插组合，小对比，大协调，背景采用做旧处理，把整个画面处理得非常完美。

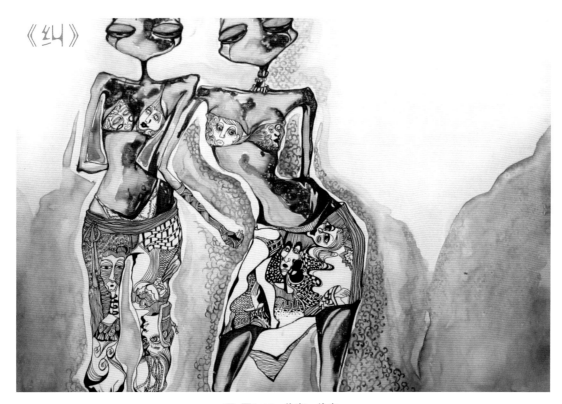

■ 图8-14 作者：徐冉

利用夸张的表现手法，突出表现了人体的局部特征和服装的局部细节，强调了服装的特性和个性。

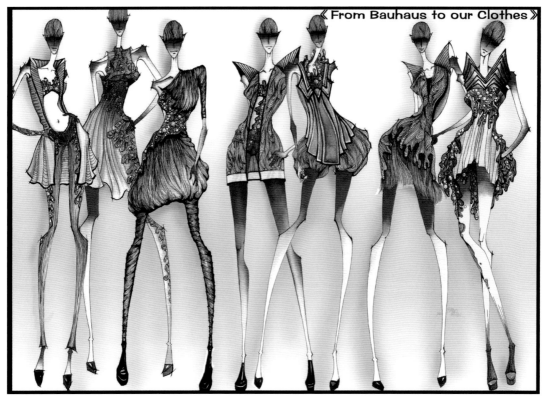

■ 图8-15 作者：徐冉

参赛效果图，肤色的特殊表达，使得整体画面感觉显得与众不同，人物的前后穿插，动态的丰富多样，都是此幅作品的成功之处。

■ 图8-16　作者：徐冉
作者采用水平的构图形式，人物布局灵活，背景的选用非常符合主题，营造出一种仙境般的感觉。

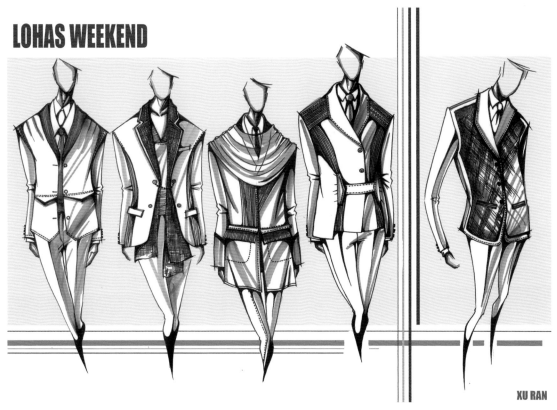

■ 图8-17　作者：徐冉
运用水彩加马克笔表现时装画，色彩简洁鲜明，生动和谐，表现出了男装的特色。

■ 图8-18 作者：周科
人体动态丰富，仿佛人在音乐的律动下肆意舞动，整副画作给人时尚、动感、阳光、充满生命活力的感觉。

■ 图8-19 作者：王越

采用水平构图，色彩表现干净利落，给人一种纯净的感觉，服装明暗处理非常完美。

■ 图8-20 作者：丁弘婷

对比色、民族元素、流行的大廓型和面料拼接手法的运用，都为整体的服装营造出了一种复古的感觉。

145

■ 图8-21　作者：张琳

强烈的色彩组合，加上夸张的人物变形处理，形成强烈的视觉冲击力，作品表达出了完全不一样的服装画风格。

■ 图8-22　作者：张颖雯

作者以海军形象为主题，采用蓝白条纹的颜色组合，整体画面非常和谐，传达出了作者个人的情绪和审美。

■ 图8-23 作者：李婧

作者以春天为主题，温和的颜色与主题相互呼应，人物表现活泼可爱，富有童趣。整体画面非常自然，传达出了作者的情趣。

■ 图8-24 作者：于俊舒

卡通的表现风格，色彩鲜艳，画面不仅对服装进行了细致刻画，还对整个背景进行了描绘，体现出作者对待作品
的认真态度。在多人构图上很有技巧，画面非常和谐。

147

■ 图8-25　作者：周媛

构图上形式感很强，画面色调和谐，用不同的色块表现各种面料的图案和肌理质感。

■ 图8-26　作者：周鹤

服装画系列图，水平构图，人物动态丰富，服装设计有新意，整体感觉简洁生动。

■ 图8-27 作者：插画师Sara Singh
画面率性恣意之至，虽然只有寥寥数
笔，但她笔下的时尚女郎却能举手投
足都栩栩如生，仿佛下一刻就要在纸
上动起来。

非白

■ 图8-28　作者：徐冉
在此幅作品中，色彩的运用是最为惊叹的部
分，冷静的黑、白、灰恰到好处地分布在画面
的各个部分，从人物的动态可以看出其绘画功
底，也是作者处理此作品的成功之处。

■ 图8-29 作者：方君雅
作品轻松和谐，没有任何规矩和比例，作
者善于用不同的线条形式和色块来表现服
装的肌理和质感。

■ 图8-30　作者：王巧

欧迪芬内衣设计大赛入围作品，采用电脑绘制，写实风格表现，不仅对服装进行了细致的刻画，还对背景、环境做了一一描绘，体现出作者的绘画功底。

■ 图8-31　作者：王巧

服装画系列效果图，电脑辅助绘图，细节的装饰极大地丰富了效果图的画面，背景的简洁和服装的细节装饰形成对比，整个画面感非常和谐。

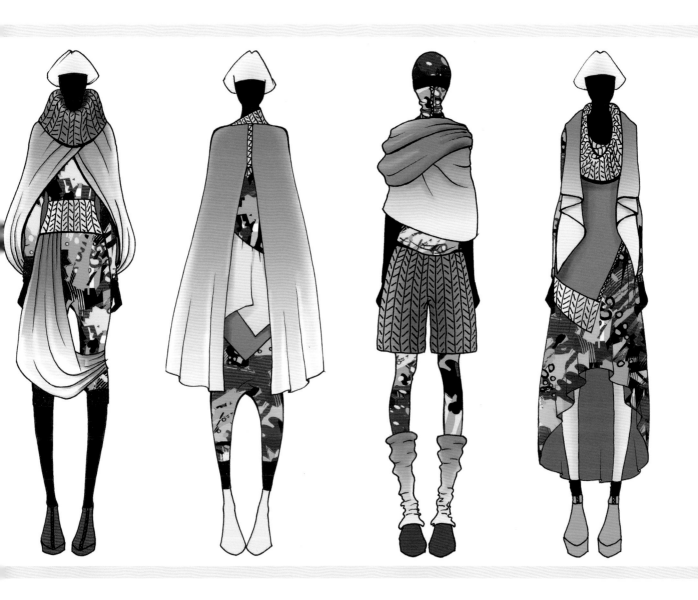

■ 图8-32　作者：李梦圆
线条的穿插组合非常轻松，用色大胆，色彩
鲜明，但画面感非常和谐。可以看出作者对
画面有很强的掌控能力。

■ 图8-33　作者：孙璐

作者采用布上绘图的方式瞬间让人感觉与众不同，在多人构图上非常有技巧，麻布的选用使得衣服的质感更加突出。

■ 图8-34　作者：参赛效果图

服装画参赛效果图，采用马克笔绘图，可以表现出趣味性的效果，整体色彩非常干净。画面非常和谐。

■ 图8-35　作者：马汝婷

服装画参赛效果图，背景图案的装饰能够丰富服装画的画面效果，背景图案与服装款式的完美结合，成功地塑造了此幅作品。

■ 图8-36　作者：参赛作品
服装画参赛效果图，采用水平构图，构图饱满，人物动态生动，背景的处理非常有新意

■ 图8-37　作者：彭雅玲
服装画参赛效果图，人体动态优美，人物的表现在于形与神的高度完美结合，服饰富丽优雅，具有强烈的装饰效果。

■ 图8-38　作者：曾华爱

构图形式有新意，人物的穿插组合非常得当，人体动态非常丰富，色彩的使用使得整个画面显得非常饱满。

■ 图8-39 作者：矢岛功
双人构图的形式，线条非
常的洒脱自由，可以看出
作者的技法娴熟，画面整
体，一气呵成。

■ 图8-40　作者：矢岛功
笔的线条在空间排列有序，加上淡彩的运用，使运动感极强的形象更加生动，呼之欲出。

■ 图8-41　作者：参赛效果图
人物造型夸张的处理手法使得整个画面非常
有趣味性，线条的使用非常活泼。简洁的服
装色彩和背景形成强烈对比，反而突出了服
装的线条。

■ 图8-42　作者：Spiros Halaris

作者在重现T台风采时，往往下笔挥洒写意，用色也柔和雅致，但在此幅画作中又不吝于大胆尝试，色彩变得浓重，有时泼墨、拼贴、数码处理等手法也齐齐上阵，在画布上呈现出狂野而灼热的气息。

■ 图8-43　作者：Sunny Gu
作者的服装插画色彩斑斓、活力四射，鲜活生动得仿佛要从纸面上跳出来，灿烂的用色如夏日骄阳般耀眼，让人的心情也随之愉快跳跃。

图8-44　作者：Sunny Gu
作品用色非常大胆，色彩绚
丽，视觉冲击力强，个人画
风及其强烈，用笔奔放厚实
又不乏温柔和细腻。

■ 图8-45 作者：Marguerite Sauvag

Marguerite Sauvage是一位来自法国巴黎的时尚插画师。她的作品大胆张扬，既时尚又奇幻，在得心应手地描绘服饰鞋包的同时，她还频频使用翅膀、花朵、云雾和动物元素来增添飘渺的梦幻效果，令她笔下的时髦女郎犹如妖精一般神秘迷人

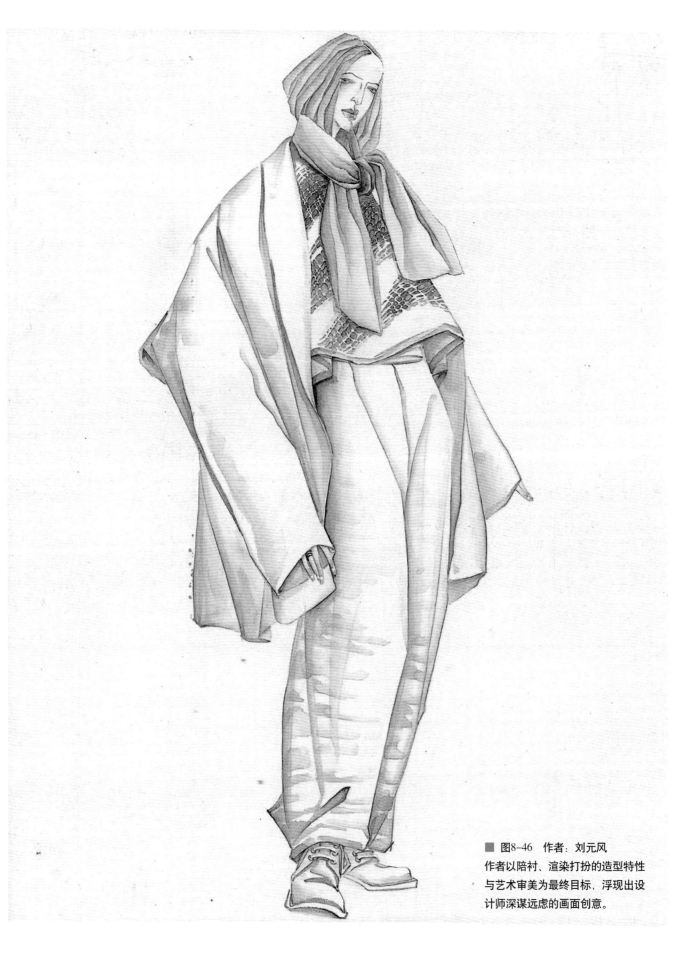

■ 图8-46 作者: 刘元风
作者以陪衬、渲染打扮的造型特性
与艺术审美为最终目标, 浮现出设
计师深谋远虑的画面创意。

▓ 图8-47　作者：刘元风
作者的服装画中能够感受到一种强烈的东方神韵，又不失写实的立体效果，体现了作者深思熟虑的画面设计创意。

■ 图8-48　作者：刘元风
作者功底雄厚，流畅轻松的线条、水色
淋漓的肌理、对人体姿态和打扮造型的
同一性也分外注重，令作品体现出艺术
与写实兼具的魅力特质。

■ 图8-49 作者: 肖文陵
作者用笔大气，一气呵成，可以看出
作者独到的绘画功底，寥寥数笔，却
能把画面表现得淋漓尽致。

参考文献

1. 刘婧怡.时装系列设计表现技法[M]. 北京:中国青年出版社，2014.

2. 董哲.时装画手绘技法专业教程[M]. 北京:人民邮电出版社，2014.

3. 陈彬.时装画技法：东华大学服装学院时装画优秀作品精选[M].上海：东华大学出版社，2014.

4. 席跃良，费雯俪，戴竞宇.手绘服装设计效果图表现技法[M].北京：中国电力出版社，2014.

5. 陈天勋，陈瑶.Painter现代服装效果图表现技法[M].北京：人民邮电出版社，2013.

6. Anna kiper.美国时装画技法：灵感·设计[M].北京：中国纺织出版社，2012.

7. 郝永强.实用时装画技法 [M].北京：中国纺织出版社，2011.

8. 古斯塔沃.费尔南德斯(美).美国时装画技法基础教程[M]. 上海：东华大学出版社， 2011.

9. 王悦.时装画技法——手绘表现技能全程训练[M].上海：东华大学出版社，2010.

10. 胡晓东.服装设计图人体动态与着装表现技法[M]. 武汉：湖北美术出版社，2009.

11. Bill Thames.美国时装画技法[M].北京：中国轻工业出版社，2009.

12. 蔡凌霄.手绘时装画表现技法[M].江西：江西美术出版社，2008.

13. 渡边直树，新·时装设计表现技法[M].北京：中国青年出版社，2008.

14. Giglio Fashion工作室.全新时装设计手册.效果图技法表现篇[M]. 北京：中国青年出版社，2008.

15. 贝思安.莫里斯（英）.时装画技法培训教程[M].上海：上海人民美术出版社，2007.

16. 郭庆红.手绘与电脑时装画表现技法[M].福建科学技术出版社，2006.

17. 胡越.服饰设计快速表现技法[M].上海：上海人民美术出版社，2006.

18. 刘元风、吴波.服装效果图技法[M].武汉：湖北美术出版社，2001.

19. 凯特·哈根.美国时装画技法教程[M].轻工业出版社，2008，01

20. 王受之. 世界时装史[M].中国青年出版社， 2002.

21. Giglio Fashion工作室.全新时装设计手册——效果图实际表现篇[M].中国青年出版社，2009，01

22. 姚晓林.服装面料设计浅析[J].惠州大学学报(社会科学版)，2001，04:81-84.

23. 梁惠娥，严加平.针织服装面料设计语言初探[J].艺术与设计(理论)，2010，05:241-243.

24. 陶颖彦.浅谈服装面料的肌理设计[J].国外丝绸，2006，03:33-35.

25. 杨志国.服装面料杂谈[J].丝绸，1999，06:49-50.

26. 黄向群，姚震宇.《时装画技法及电脑应用 》简介[J].金陵职业大学学报，2000，03:115-116.

27. 董楚涵.时装画人体表现技法研究[J].南阳师范学院学报，2009，04:75-77.

28. 王雨平.现代时装画[J].博览群书，1997，07:47.